KB260963

미지에서 묻고 경계에서 답하다

미지에서 묻고 경계에서 답하다

앎의 한계에 도전하는
용감한 지식인들의 과학 이야기

APCTP 기획

고산 외 22인

사이언스북스
SCIENCE BOOKS

"진화는 인류로 하여금 삼라만상에 대하여 의문을 품도록

유전자 속에 프로그램을 잘 짜 놓았다.

그러므로 안다는 것은 사람에게 기쁨이자 생존의 도구이다."

칼 세이건, 『코스모스』

머리말

당신은 미지의 세계에 어떤 응답을 외칠 것인가?

국형태 | 아태이론물리센터 과학 문화 위원장

단지 우리의 인식에 의거해서 세계를 이분법적으로 나눈다면, 우리가 과거에 지나쳤거나 현재 처하고 있는 세계와 그렇지 않은 미지의 세계가 있다. 전자는 우리에게 앎의 영역이다. 미지의 세계는 말 그대로 자신의 인식 바깥의 세계이니, 사실 우리에게는 언제나 앎의 영역에 있는 세계가 있을 뿐일 수도 있다. 앎의 영역은 우리의 경험과 인식으로 제한되어 있다. 그리고 경험을 쌓고 인식을 넓혀서 앎의 영역도 넓힐 수 있겠지만 미지의 세계는 여전히 그 경계 너머에 있을 것이다.

내 이웃 사람들도 내게는 미지의 세계다. 처음 만난 사람은 물론이거니와 자주 마주치게 되는 동료의 생각을 헤아리지 못하는 경우가 많다. 하물며 요즘은 늘 가까이 지내는 가족도 결국 잘 알고 있지 못하다는 생각을 자주 하게 된다. 아내가 왜 기분이 상한 것인지 알아채지 못해서 핀잔을 듣는가 하면, 사랑스럽기만 했던 딸아이마저 자라면서 소통하기 어려운 상대로 나를 쳐다보는 눈길을 느끼게 된다. 더욱 심한 것은, 나이가 들면서 달라지는 내 신체도 스스로 잘 이해하지 못하는 대상이 된다는 것이다. 이 세상을 살고 있는 것은 분명한데, 생각해 보면 내가 잘 알고 있다고 얘기할 수 있는 것은 정말 얼마 되지 않는 것 같다.

세상만사가 예상대로 돌아가지 않는 것이 다반사다. 홍수와 지진, 폭염과 한파와 같은 천재지변은 과학 예측의 수준이 충분치 않아서 그렇다손 치더라도, 법과 상식으로 나름대로 제어가 될 것 같은 인간사도 예측을 벗어나는 일이 많다. 공약을 지키지 않거나 정의롭지 못한 것이 드러났음에도 대중의 지지를 받는 정치인이나, 그 폐해에 대한 비난을 받으면서도 유지되는 거대 양당 정치, 또 빈부 격차를 우려하면서도 결국 격차를 더욱 심화하는 정책들의 경우는 단지 몇 가지의 예에 불과하다. 전 세계적인 매출을 자랑하던 기업이 쇠락하는 과정이나, 한 국가에서 시발된 재정 파탄이 전 세계의 경제 파국을 촉발하는 현상에서도 그런 비예측성을 보게 된다. 닥치지 않은 미래는 미지의 세계다. 미래를 예측하고 파탄을 막기 위해 여러 가지 노력을 해 보지만, 가 보지 않은 미래에 그 효과가 어떨지 현재는 알 수 없는 노릇이다. 소 잃고 외양간 고치는 격으로, 훌륭했을 대책은 파탄이 지난 후에야 회자되기 마련이다.

지구상에 출현한 이래로 인류는 끊임없이 미지의 세계를 탐사하면서 거주를 확산하여 오늘날 전 지구에 걸치는 문명을 구축하였다. 예측할 수 없는 위협이 도사리는 미지의 땅에서 주거지와 생활 자원을 확보해야 하는 것은, 생명을 영위하고 종족을 보전하기 위해 필연적으로 갖춰야 할 본능이었을 것이다. 미지에 대한 발랄한 호기심이나 앎의 영역을 넓히고 싶은 욕구는 생존이 보장된 이후에나 생겨난 여유였을 것이다. 혹은, 이국의 정경을 즐기기 위해 떠나는 휴가 여행도 기실 이런 생존 본능과 연관된 것일까? 어쨌든, 오늘날에도 사막, 극지, 고산 지대, 열대 정글과 같은 극한 지역에서의 탐사가 계속되고 있고, 자원을 찾기 위한 탐사는 땅 밑, 바다 밑, 그리고 하늘을 넘어 우주에까지 이르고 있다.

《크로스로드》는 아태이론물리센터에서 운영하는 인터넷 웹진이다.(http://crossroads.apctp.org) 이 책은 《크로스로드》의 한 코너인 "Road In"에 2010년 5월부터 2011년 8월 사이에 게재되었던 에세이들을 엮은 것이다. 이 코너를 운영하면서 필자들에게 "미지와 경계"를 주제로 글을 써 줄 것을 주문하였다. 필자들의 다양한 전문 분야를 반영하듯이, 그들이 떠올린 미지의 세계는 다양했다. 구획이 잘 맞아 떨어지지 않는 부분이 없는 바는 아니었지만, 23개의 글을 네 가지의 영역으로 구획하려고 시도했다. 이들이 얘기하는 미지의 세계는 삶 이후의 죽음, 종교, 미래와 미래에 성취될 새로운 지식, 그리고 지구를 넘어선 바깥 공간(우주)을 망라한다. 미지의 세계는 두려움의 대상이기도 하지만, 경계를 넘어 발전을 성취하는 기회를 제공하기도 한다. 또한 그 경계는 상이한 이해관계를 갖는 두 세계 사이의 긴장이 상존하는 위험 지역이기도 하다. 종종 우리 사회의 문제로 부각되기도 하지만, 내국인과 외국 이주민, 다양성 영화와 상업 영화, 현실과 온라인 게임, 이질적인 종교 집단이나 인종 사이의 갈등, 그리고 국가 간의 정치적 개입 등에서 만들어지는 경계들이 그 예가 될 수 있다.

인간을 제외한다면, 앞으로 다가올 미래를 걱정하거나 그것이 무엇인지 미리 알고 싶어 궁금해 하는 또 다른 생명체가 지구상에 있을까? 삶의 위협이 있는 것도 아닌데, 단지 호기심에서 자신의 둥지에서 일어나 전혀 새로운 미지의 땅으로 길을 떠나는 동물이 있을까? 예측할 수 없는 미지의 세계는 때론 자신의 생명을 위태롭게 할 수도 있다. 생존 본능에 반하면서까지 미지의 세계로 나아가고픈 욕망은 인간만이 갖는 특징인 것 같다. 하지만 미지에 대한 인간의 이러한 호기심은 인간이 지구를 지배하는 생물 종으로 만든 것임에는 틀림이 없다. 지구의 긴 역사에서 인간의 활동 무대는 짧은 동안이겠지만, 적어도 현 시점에서는 그렇다.

미지의 세계는 존재하지만 그것이 무엇인지 알 수는 없다. 경계는 우리의 경험과 인식의 한계이다. 하지만 이제껏 그렇게 해 왔듯이 미지를 향해 나아가야 하는 것이 우리에게는 과제다. 그 과제를 해결할 때 경계는 뒤로 물러서고 현재 우리가 처한 앎의 영역은 확장될 것이다.

유혹하듯이, 혹은 위협하듯이 미지는 우리에게 묻는다. "내가 무엇인지 알겠어?" 미지로 넘어가는 경계에 서서 외치는 23인의 응답이 여기 있다. 독자 당신에게 미지는 무엇인가? 당신은 미지의 세계로 어떤 응답을 외칠 것인가?

1부
삶

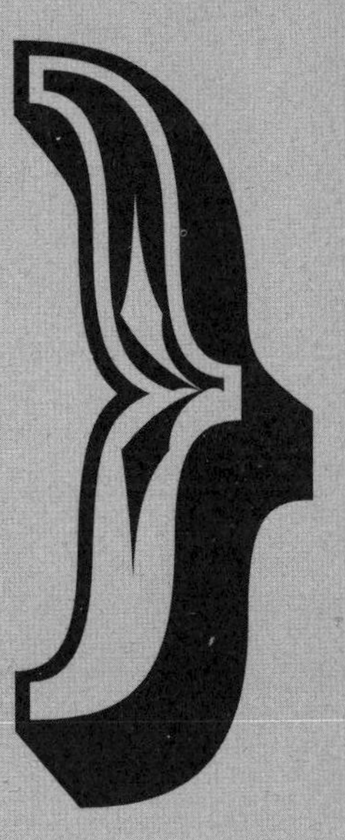

불가지라는 이름의 게으름

김창규 | SF 작가

미지가 무슨 말인지 모르는 사람은 없을 것이다. 비록 너무나 기계적으로 사용된 나머지 지금은 그 뜻이 흔적도 남지 않을 만큼 녹아 버리긴 했지만 말이다. 미지수, 미지의 세계, 미지에 대한 두려움. 오래전 내 머릿속의 '미지'라는 개념 또한 그랬다. 추상적인 단어가 흔히 그렇지만 '미지'라는 단어는 ('나'라는 인지권 안에서) 금세 기호 형태(sign-gestalt)를 이루고 실용의 단계로 넘어가 버렸다. 그리고 나는 꽤 한참 동안 그 상태를 유지하며 살았다.

매일같이 무심코 지나치던 지하철 역사 벽의 타일 무늬를 주의 깊게 들여다보는 순간 그게 무슨 형태를 이루고 있는지 전혀 인식할 수 없게 되는 경우가 있다. 그러면 일상적인 생활을 계속 유지하기 위해서, 내 두뇌에 대한 신뢰를 되찾기 위해서 그 무늬가 어떤 모양인지 애써 다시 파악해야만 한다. 당연한 이야기지만 이런 현상은 시각만이 아니라 언어와 인식 사이에서도 일어난다. 나는 어떤 책 속의 한 구절을 읽으면서 그 같은 현상을 겪고는 '미지'라는 단어를 처음 배웠던 유년기로 부메랑처럼 되돌아갔다. 그 책은 SF 작가 로저

젤라즈니(Roger Zelazny)의 『신들의 사회(*Lord of Light*)』였다. 작품 속 등장인물 하나가 악마에 대해 묻는다. 악마는 다름 아닌 그 행성의 원주 생물이다. 질문자가 말한다. 그토록 강대한 힘을 가지고 있다면 악마라 부른들 무슨 차이가 있느냐고. 거기에 대한 답은 이렇다.

"아, 거기엔 엄청난 차이가 있지. 그건 바로 미지와 불가지(不可知)의 차이이자 과학과 판타지의 차이야. 본질적인 문제지. 나침반의 사방이 논리와 지식과 지혜와 미지를 가리킨다고 해 보자. 어떤 이는 마지막 방향에 머리를 조아리지만 어떤 이는 그쪽으로 나아가지. 머리를 숙이는 순간 나머지 세 방향을 못 보게 되는 거야. 나는 미지에 복종할 순 있어도 불가지에는 절대 그럴 수 없어. 마지막 방향에 고개를 숙이는 건 성자 아니면 바보뿐이야. 둘 다 나한테는 쓸모가 없지."

나는 책을 다 읽고 마지막 장을 덮는 순간 읽은 내용의 절반을 잊어버리고, 책을 꽂은 다음 돌아서면서 나머지 반이 머리에서 줄줄 새는 부류의 사람이다. 하지만 이 구절만은 10년이 지나도 기억이 생생하다. 굳이 악마처럼 거창한 존재를 들이대지 않더라도 작가가 말하고자 하는 바가 뭔지, 그게 살아가는 동안 얼마나 중요한 일인지 절감했고, 또 지금까지 계속 절감해 오고 있기 때문이다. 미지와 불가지의 문제는 곧 태도와 자세의 문제다. 인생관과 세계관을 결정짓는 문제다. 따라서 의식적이건 기계적이건 크건 작건 사람이라는 의식체가 살아가기 위해서 세계관이 반드시 필요하다는 가정이 맞다고 할 때, 미지와 불가지는 극히 중요한 문제 가운데 하나다.

일상생활의 이야기까지 내려오고 보니 얼마 전 인터넷에서 읽고는 잠시 멍했던 글이 생각난다. 종종 들르는 어느 커뮤니티의 글이었다. 이 커뮤니티는 주로 IT 계열 개발자들이 휴식을 취하는 (그러다가 논쟁이 붙으면 가상 공간에서 머리채를 잡아당기며 싸우는) 곳이다. 어디나 마찬가지지만 크고 작은 화두 가운데 일부는 뉴스에서 오게 마련이다. 회원 하나가 한 신문에서 과학 기사를 가져왔다. 제목은 「"닭이 먼저냐, 달걀이 먼저냐."라는 오랜 의문에 영국 과학자들이 닭이 먼저라고 답했다」였다. 과학 기사라면 일단 들여다보는 성격이라 지나칠 수가 없었다. 내용은 과학자들이 달걀 껍질의 형성 과정을 밝혀냈다는 이야기였고, 그 속에 들어 있는 오보클레디딘-17(OC-17)이라는 단백질을 실마리 삼았다는 게 요지였다. 당연한 이야기겠지만 논문에는 닭과 달걀의 선행 문제는 언급되어 있지 않았다. 하지만 기사의 제목은 그랬고, 아마도 중간 과정에 악명 높은 영국의 일간지 《선(*The Sun*)》이 있었던 모양이다. 이 정도면 그냥 피식하고 웃을 문제였다. 그런데 눈에 밟히는 댓글 하나가 보였다.

"이로써 창조론이 증명된 건가요?"

이 커뮤니티에서는 잊을 만하면 창조론과 진화론에 관한 논쟁이 일어난다. 논쟁의 진행은 여느 곳과 다르지 않게 진부하며 전형적이다. "진화론은 모든 것을 설명하지 못한다." "생명이 우연히 발생했다니 말이나 될 법한 이야기인가." "진화론은 지는 학문이다." "누가 꼭 신이 만들었다고 했느냐? 우리보다 우월한 존재가……." 등등은 회의론을 가장한 창조론자들의 이야기이다.(사실 회의를 제대로 거듭하면 진화론의 손을 들어야 할 테니 진정한 회의주의자들은 아니지만.) "창조론에는 가설과 검증 단계가 전혀 존재하지 않는다." "창조란 '설'도 아니고 '론'도 아니다." "창조는 창조 설화라고 불러야 한다." "최초 원인이란 모든 것에 원인이 있다는 전제에 위반된다……." 등등은 진화론을 지지하는 이들의 이야기다. 이제 논쟁은 종교가 무익할뿐더러 유해하다는 쪽으로 옮겨 간다. 데카르트나 스피노자같이 고리타분한 이름까지 나오지는 않지만, 그에 상응하는 이야기들도 나오고 이쯤 되면 논리와 합리에 따르는 사람과 그 나머지 모든 것들을 악착같이 긁어모으는 사람들이 뚜렷이 구분되게 마련이다. 이제 커뮤니티의 평화를 위해 중재자들이 나설 차례다. "종교의 자유란 게 있지 않느냐." "자유가 없다고는 안 했다. 틀렸다는 것뿐이다." "그래도 종교라는 게 여러 사람에게 위안을 주지 않느냐." "오류에 기반을 둔 위안이야말로 환자에게 독을 주입하는 것이다." 등등.

이런 일이 벌어질 때 정말 할 일이 없고 심심하다면 진화론 지지자들과 궤를 같이해서 놀기는 하지만, 그와는 별개로 나에게 당혹스러웠던 것은 닭이 먼저냐 달걀이 먼저냐는 이야기에서, 그것도 웃자고 인용한 기사에서 기어코 창조론 이야기를 꺼내고야 마는 사람들의 태도다. 문자 그대로 '닭장처럼 좁은' 양계장에서 체계적으로 사육당한 다음 무섭게 생긴 기계 속으로 들어가 팔다리를 잘리고 죽은 것도 모자라 전화 한 통으로 끓는 기름 속에서 잘 익혀져 배달된 치킨을 우적우적 씹으면서 틈만 나면 창조론을, 그리고 나아가서 신을 언급하는 사람들의 태도다. 닭을 먹든 피자를 먹든 그거야 입맛의 차이겠지만, 모든 곳에서 신(이라는 허구)의 흔적을 찾으려고 애쓰는 사람을 볼 때마다 '왜'라는 의문이 든다. 왜 신을 믿느냐는 말이 아니다. 사람한테는 왜 신이 있어야 할까. 그게 문제의 핵심이다. 한때 부모님의 손에 이끌려 모 종교의 신전에 주기적으로 다녀 봤던 입장에서 이야기하자면, 아마도 나약하기 때문일 것이다. 미시에서 거시에 이르기까지 이처럼 오묘한 우주가, 그중에서도 온갖 환경들이 기가 막히게 들어맞는 곳에서 살고 있는 우리 인간이 우연의 산물이라면, 초기 조건에서 어떤 특이점이 발생한 결과로 존재한다면 너무나 허탈하고 무의미하다고 생각하기 때문일 것이다. 그래서 무언가 광활하고 광대하며 전지적인 존재가 모든 것의 배후에 있다고 생각하며 뿌듯해 하는 게 분명하다. 100보 양보해서 (사실 2,000보쯤 양보하는 셈이지만) 그 동기는 이해한다고 치자. 사람이 감성보다 이성과 논리를 받아들이는 일이 얼마나 어려운지 잘 알고 있으니 고개를 끄덕인다고 치자. 하지만 그렇다고 태도의 문제까지 사라지지는 않는다. 우리보다 강한 존재가 우리의 모든 생활에 영향을 미치고 있다고 해 보자. 건전한 정신이라면 거기에 무조건 복종해야 한다고 생각하지 않을 것이다. 주체성을 확립하고 자신의 손으로 미래, 더 나아가 정체성을 획득하는 게 보편적이고 상식적인 길일 것이다. 실제로 우리는 아이들에게 그것이 옳다고 가르친다. 자손을 자신의 부속물, 자기 존재의 연장으로만 보는 사람들은 무조건적인 복종과 신뢰를 가르칠지도 모르지만 말이다. 복종과 신뢰의 장점은 무엇일까? 편안함이다. 능동적인 사고와 판단을 하지 않아도 되는 편안함이다. 전지적이고 (불가지한) 신의 존재를 일단 믿고 거기에 맞추어 사물과 사건을 판단한다는 건 곧 복종과 무조건적인 신뢰다. 따라서 편안함을 준다. 그 편안함이란 결국 제 힘으로 생각하고 판단하지 않는 게으름의 결과다. 따라서 이 모두에서 가장 중요한 것은 태도의 문제다. 일단 창조론을 언급하고 생각은 나중에 하겠다는 저 커뮤니티의 회원은 (개인적인 악감정은 전혀 없지만) 지독하게 게으른 사람이다.

인간에게 '종교 본능'이 있다는 학설이나, 종교가 발생하고 거기

에 끌리는 태도에 이득이 있었기 때문에 유전되어 왔다는 진화 심리학적 설명은 물론 알고 있다. 하지만 여기서 이야기하려는 것은 유전자의 한계를 넘어서는 자주적인 의지와 판단이다. 설령 종교에 기우는 것이 학자들의 말대로 유전자의 영향이라 해도, 이렇게 조직적이고 고급스러운 두뇌를 가졌으면서 그 출발점을 넘어서지 못한다면 그 또한 나태에 지나지 않을 것이다. 내가 화들짝 놀란 것은 바로 그 게으름 때문이었다.

얼마 전 《뉴욕 타임스(New York Times)》에 중력과 관련해 「중력과 싸우는 과학자(A scientist takes on gravity)」라는 기사가 났다. 에리크 페를린데(Erik Verlinde)라는 물리학자가 중력의 본질에 이의를 제기한 것이다. 초끈 이론의 대가라고 하는데 내가 기사를 잘못 해석한 게 아니라면 중력이란 우리가 아이작 뉴턴(Isaac Newton) 이래 지금까지 생각해 왔던 것과는 전혀 다를 수 있다는 이야기였다. 중력이란 일종의 최종적인 탄성이며, 원자들의 집단적인 움직임 때문에 야기되는 '현상'이지 '근원'이 아니라는 이야기였다.

초끈 이론의 수학적인 전개도 이해하지 못하는 내가 이 과학자의 논문을 본들 첫 수식부터 이해하지 못할 것은 분명하다. 하지만 그 결론의 모형은 어렴풋이 그려 볼 수 있다. 과학자가 아닌 일반인의 입장에서 본다면, 과학사에서 근원이라고 생각했던 것들이 더 작은 단위와 원인으로 쪼개진 적이 얼마나 있었는지 생각해 본다면 양자 역학적으로 움직이는 입자(또는 그게 파동 함수든 초끈이든 간에)들이 상호 작용한 결과로 거시적인 힘을 일으킨다는 건 얼마든지 떠올릴 수 있다.

이렇듯 내가 중간 계산 과정을 이해도 못하면서 개략적인 수준에서 이 이론이 맞을 수도 있다고 생각하는 것은 어떤 이들에게는 유신론자나 창조론자의 태도와 같아 보일지도 모른다. 하지만 전혀 다르다. 나는 내가 아는 지식 수준에서, 그리고 내가 맞는다고 인정했던 가설과 여러 증례를 바탕으로 해서 적극적으로 새 이론을 접하고, 파악하려 한다. 유신론자들은 '무한한' 것을, 불가지를 일단 받아들이려고 한다. 차이는 능동적으로 의심하고 검토하려는 의지가 있느냐 없느냐에 있다. 미지라는 단어 속의 두 한자 중에 힘을 주어 발음해야 할 것은 '지'가 아니라 '미'다. '아직'이라는 뜻에는 해결의 가능성과 적극적인 개척의 의미가, 부지런한 태도가 들어 있다. '불가'에는 절망과 체념과 복종과 노예근성과 나태함이 들어 있다. 다행스러운 일은 불가지보다 미지를 택하는 이들이 많다는 점이다. 통계도 내 보지 않았으면서 그걸 어떻게 아는가 하면, 불가지를 선택하는 사람들이 압도적으로 많았다면 아무리 우리 인간의 몸속에 호기심이라는 본능이 있다고 한들 과학과 문명이 이만큼 발전할 수 없기 때문이다.

높이 나는 새가 멀리 본다는 말이 있다. 하지만 거기에는 전제 조건이 있다. 우선 눈을 떠야 볼 수 있고, 눈곱을 떼어야 제대로 볼 수 있다. 그러기 위해서는 잠과 꿈이 주는 달콤함을 깨고 편안함이라는 이름의 무거운 눈꺼풀을 힘주어 들어 올려야 하고, 손을 들어 시야에 장해가 되는 것을 걷어 내야 한다. 그다음에야 멀리 볼 수 있을 것이다. 꼭 모든 사람이 멀리 봐야 하느냐고 누군가 물을지도 모른다. 선택이야 개인의 몫이지만, 한 가지는 확실하다. 멀리 보면 지금까지 몰랐던 재미있는 것들을 찾을 수 있다. 예를 들어 중력이 허구라거나 우리 우주가 브레인(brane) 속에 갇혀 있다거나 하는 이야기들이 그렇다. '아직' 저 밖에는 그런 것들이 넘치고 있다. 태어나서 추석을 80번 정도 쇠고 나면 지상에서 사라질 존재인 주제에 이런 말을 해도 되는지 모르겠지만, 그 '아직'은 아주 오랫동안 계속될 것이다. 그리고…… 그 '아직'이 끝나는 순간이 온다면 모든 것은 기지(旣知)의 영역으로 들어갈 것이다.

불가지가 아니라 말이다.

김창규 | SF 작가

2005년 과학 기술 창작 문예 중편 부문에 당선되었으며, 《판타스틱》, 《네이버 오늘의 문학》, 《크로스로드》 등에 단편을 게재했다. 문지문화원 사이에서 '머리를 바꿔 달고 SF와 판타지 만들기'를 강의하고 있으며, 《판타스틱》에 「세라페이온」을 연재하고 있다. 저서로는 『세라페이온』, 『발푸르기스의 밤』(가제), 단편 『파수』 등이 있으며, 번역서로는 『뉴로맨서』, 『은하수를 여행하는 히치하이커를 위한 과학』, 『이상한 존』, 『므두셀라의 아이들』 등이 있다.

법률가의 자연 과학 공부

금태섭 | 법무법인 공존 변호사

우주는 우리가 생각하는 것보다 이상할 뿐만 아니라 우리가 생각할 수 있는 것보다 이상하다. —베르너 하이젠베르크

책상 위에 놓여 있는 2권의 책을 보니 웃음이 난다. 로저 펜로즈(Roser Penrose)의 『실체에 이르는 길(*The Road to Reality*)』. 둘이 합쳐서 1,700쪽이 넘는 대작이다. 이틀 후 있을 재판에 제출할 증인 신문 사항의 작성도 밀려 있는데 물리학 책을 보려고 하다니!

물론 『실체에 이르는 길』은 전공 서적이 아니다. 물리학과 학생들을 위한 교과서가 아니고 '수식을 볼 때마다 현기증을 일으키는' 독자들도 많은 정보를 얻을 수 있다는 입문서에 불과하다. 그러나 문과생이 과학서를 읽기가 어디 쉬운가. 펜로즈는 서문에서 가능한 한 '수학자 티'를 내지 않겠다고 말했지만, 아마존 웹사이트의 서평에는 지구상에서 이 책 전부를 이해할 수 있는 사람이 다 모이면 택시 1대를 타고 저자의 강의를 들으러 갈 수 있다고 되어 있다. 고등학교에서도 물리를 배우지 않은 내가 읽기에 벅찬 책임에는 틀림없다. 그

럼에도 변호사가 과학 책을 읽는 데는 나름의 이유가 있다. '미지'와 '경계'를 주제로 에세이를 쓰면서 이 말을 빼놓을 수는 없을 것 같다. 사실 법률가에게 자연 과학의 세계는 경계를 넘어서는 미지 그 자체이기 때문이다.

처음 '양자 역학'에 흥미를 느낀 것은(양자 역학에 대해서 아는 것이 없기 때문에 그 자체에 흥미를 느꼈다기보다는 양자 역학에 관한 이야기가 재미있었던 것이지만) 마이클 크라이튼(Michael Crichton)의 소설 『타임라인(Timeline)』을 통해서였다. 중세로의 시간 여행(엄밀한 의미에서의 시간 여행은 아니다.)을 다룬 이 책에서 저자는 무지한 독자도 알아듣기 쉽게 평행 우주에 대해서 설명한다. 고든이라는 등장인물이 들려주는 물리학 강좌를 간략히 줄이면 이렇다.

"약 100년 전에 물리학자들은 빛이나 자기장 혹은 전기 같은 에너지가 파동의 형태를 가진다고 생각했습니다. '전파(radio wave)', '광파(light wave)' 같은 말이 있는 것이 그 때문입니다. 그런데 그 후 금속판에 빛을 비추면 전기를 얻게 된다는 사실을 발견합니다. 막스 플랑크(Max Planck)는 빛의 양과 전기의 양의 관계를 연구하다가 에너지가 파동이 아니라는 사실을 밝혀내지요. 에너지는 작은 알갱이(particle)로 이루어진 것처럼 보였고, 플랑크는 이 알갱이를 '양자(quantum)'라고 불렀습니다. 양자 이론이 탄생한 겁니다. 몇 년 후 알베르트 아인슈타인(Albert Einstein)은 빛이 알갱이의 형태를 취한다고 가정하면 광전 효과를 설명할 수 있다는 것을 보여 줍니다. 그는 빛의 알갱이를 광자(photon)라고 불렀습니다. 얼마 지나지 않아 물리학자들은 빛뿐만이 아니라 모든 에너지가 알갱이의 형태를 가진다는 것을 깨닫게 됩니다. 이 알갱이들이 어떻게 움직이는지 설명하는 이론이 양자 역학이지요." 여기까지는 어렵지 않은 설명일 뿐이다. 그러나 양자의 세계는 우리가 알던 세계와 다르다. 고든의 설명은 이렇다.

"이 알갱이들은 대단히 이상한 존재입니다. 어디 있는지 알 수도 없고, 측정할 수도 없고, 무엇을 할지 예측할 수도 없지요. 때로는 알갱이처럼, 때로는 파동처럼 움직입니다. 가끔은 수백만 킬로미터 떨어져 있는 두 알갱이가 아무런 연결 고리도 없이 상호 작용을 하기도 합니다. 양자 이론은 실험으로 여러 차례 확인이 되었습니다. 하지만 과학자들은 이런 이상한 이론을 좋아하지 않지요. 예를 들어 아인슈타인은 양자 이론에 결함이 있다고 느꼈습니다. 하지만 양자 역학에 의구심을 품은 사람이 한둘이 아니었음에도 이것은 반복해서 증명이 되어 왔습니다. 결국 양자 이론은 20세기에 누구나 사용하는 이론이 되었지만, 누구도 양자 이론이 알려 주는 세계의 모습을 설명할 수 없는 이상한 상황이 된 겁니다." 여기까지도 고개를 끄덕일 수 있다. 하지만 뒤에 나오는 설명은 점점 의구심을 더하게 한다.

양자 이론을 설명하기 위한 하나의 틀을 제시한 사람은 휴 에버렛(Hugh Everett)이다. 그에 의하면 우리가 사는 세계는 수많은 우주 중 하나에 불과하다. 어떤 우주에서는 아돌프 히틀러(Adolf Hitler)가 제2차 세계 대전에서 승리하고, 어떤 우주에서는 패한다. 어떤 우주에서는 자명종을 못 듣고 지각을 하지만, 어떤 우주에서는 간신히 일어나서 출근을 한다. 매 순간 무수히 많은 형태로 우주는 나뉘어 가는 것이다. 그리고 그 우주들은 때때로 서로 간섭을 한다. 고든은 빛의 간섭 현상으로 이 이론을 증명하려 한다. 1개의 좁은 틈으로 빛을 통과시켜서 막에 비추면 하나의 선이 보이지만, 2개나 4개의 틈으로 빛을 통과시키면 각각 5개 혹은 3개의 선이 나타난다. 틈을 통과하는 빛은 파동처럼 움직이는데 파동들이 겹치는 부분에서 빛이 강해지거나 혹은 반대로 상쇄되기 때문이다. 문제는 빛을 극단적으로 약하게 해서 빛 알갱이를 한 번에 1개의 틈으로 통과시키는 경우다. 이때는 논리적으로 간섭 현상이 일어나지 않아야 한다. 서로 간섭할 다른 빛 알갱이가 아예 없기 때문이다. 하지만 빛 알갱이들이 틈을 통과해서 막에 남기는 흔적은 일반적인 빛을 발사할 때와 똑같다. 존재하지 않는 무(無)와 간섭을 하는 것이다. 고든은 이것이 다중 우주(multiverse)의 증거라고 주장한다. 분명히 간섭 현상이 일어나는데 막상 그런 현상을 일으킬 빛 알갱이는 우리 우주에 존재하지 않는다. 그렇다면 이는 우리와 평행한 어떤 우주가 분명히 존재한다는 것을 의미하는 증거가 아닐까.

물리학자들이 보았다면 웃을지도 모르겠지만, 이 대목에서 내가 느낀 놀라움은 대단한 것이었다. 빛의 간섭 현상에 관한 실험은 실제인가, 혹은 허구인가? 과연 어디까지가 사실일까? 궁금증이 한참 동안 머리를 떠나지 않았다.

어렴풋하게나마 자연 과학 전반에 대한 그림이 머릿속에 들어온 것은 그로부터 몇 년 후 서점에서 우연히 빌 브라이슨(Bill Bryson)의 『거의 모든 것의 역사(*Short history of nearly everything*)』를 접하게 되면서이다. 정말 너무나 재미있다고밖에는 평할 수 없는 이 책을 들고 침대에서 며칠 밤을 보냈는지 모른다.(양장판 원서를 샀는데 재미있지 않으면 도저히 누워서 읽기 힘든 무게다.) 새로운 세계가 열리는 기분이었다. 이 책을 읽고 순전히 독단적인 분류지만, 과학이라는 것을 뉴턴-아인슈타인으로 이어지는 '눈에 보이는 세계에 관한 물리학', 소립자의 세계인 '양자 물리학', 빅뱅 이론을 정점으로 하는 '천체 물리학', 그리고 인간을 비롯한 생명체에 관한 연구인 '진화론'으로 나누어 보게 되었다.(화학을 무시한 점은 죄송하게 생각한다. 하지만 브라이슨의 책은 물리학자와 화학자에 대한 전형적인 농담 ─ 물리학자의 아내가 바람이 났는데 오쟁이를 진 물리학자는 아내가 부정한 짓을 저질렀다는 데 화를 내는 것이 아니라 화학자와 바람을 피웠다는 사실에 더 기막혀 했다는 유의 이야기 ─ 만을 소개하고 있다. 같은 책을 처음부터 끝까지 2번 읽다 보니 영향을 받지 않을 수 없었다.) 그리고 그때부터 각각의 분야에 대해 조금씩 깊이(그래 봐야 입문서지만) 들어간 책들을 읽기 시작했다.

우선 '보이는 세계에 관한 물리학'과 '양자 이론'에 대해서 보면 『거의 모든 것의 역사』는 뉴턴의 '절대 공간'까지는 나름의 해설을 하고 있는데 상대성 이론에 들어서면 단순히 아인슈타인과 관련된 일화를 설명해 주는 정도에 그친다. 나는 브라이언 그린(Brian Greene)의 『엘러건트 유니버스(*The Elegant Universe*)』와 『우주의 구조(*The Fabric of the Cosmos*)』를 읽었고, 한동안 상대성 이론과 양자 역학을 '안다'는 착각에 빠져서 살았다.

천체 물리학(이라기보다는 천체 물리학의 역사)에 대해서는 사이먼 싱 (Simon Singh)의 『우주의 기원 빅뱅(*Big Bang*)』을 읽었다. 싱의 책은 그린처럼 화려하지는 않았지만, 적색 편이(redshift) 현상으로 우주의 팽창과 빅뱅을 입증하는 내용은 무식한 문과생을 흥분시키기에 충분했다. 검사 시절 한 달 치 월급이 넘는 돈을 털어서 천체 망원경을 사고 사설 천문대를 쫓아다닌 것은 순전히 이 책 때문이다.

진화론에 대해서는 조금 사정이 복잡하다. 종교를 갖고 있지는 않지만, 짧은 유학 시절 대표적인 사이비 과학이라는 지적 설계론에 관한 책들을 흥미롭게 읽었다. 이 분야의 대표적인 책인 『심판대의 다윈(*Darwin on Trial*)』을 쓴 필립 존슨(Phillip E. Johnson)은 캘리포니아 주립 대학교 버클리 캠퍼스 로스쿨 교수로 있는 저명한 학자다. 로스쿨 졸업 직후 얼 워런(Earl Warren) 대법원장 밑에서 재판 연구원(law clerk)을 했다. 쉽게 말하자면 그해 미국 전체의 로스쿨 졸업생 중 수석인 것이다. 책은 나름 탄탄한 논리를 갖추고 있고 정면으로 반박하기 쉽지 않다. 보수적인 입장 때문에 비판을 받기는 하지만 지적 능력에 대해서는 누구나 한 수 접고 들어가는 앤터닌 스캘리아(Antonin Scalia) 대법관도 지적 설계론의 신봉자다. 선뜻 납득이 되지 않는 주장도 일단 경청하도록 훈련받은 법률가의 입장에서 볼 때, 자료와 논리로 무장한 견해를 단순히 종교적인 배경이 의심스럽다는 이유만으로 외면할 수는 없다. 사실 진화론을 연구하는 학자들은 이미 진화론을 이론이 아닌 사실로 다루면서 진화론 자체의 옳고 그름에 대한 논쟁에는 흥미를 갖고 있지 않기 때문에 보기에 따라서는 한번 토론을 해 보자고 덤비는 지적 설계론자들이 보호해야 할 소수자로 비치기도 한다. 물론 그렇다고 애초에 해답을 정해 놓고 (최소한 선호하는 해답을 정해 놓고) 주장을 펴 나가는 지적 설계론을 과학이라고 할 수는 없지만, 도킨스의 책과 존슨의 책을 단순 비교하면 논리만으로는 솔직히 누구의 손도 들어 주기 어렵다. 어쨌든 문외한의 의문을 뒤로 한 채 생물학을 전공하는 후배의 조언을 들어서 에른스트 마이어(Ernst Mayr)의 『진화란 무엇인가(*What Evolution Is*)』를 읽고 윌리엄 해밀턴(William Hamilton)의 『유전자 나라의 좁은 길(*Narrow Roads of Gene Land*)』을 구입했다. 인류에게 가장 큰 영향을 준 3명의 사상가 — 프로이트, 마르크스, 다윈 — 중에서 찰스 다윈

(Charles Darwin)의 이론만이 진리임이 입증되었다는 주장이 허언만
은 아니라는 생각이 든다.

로저 펜로즈의 책을 사게 된 것은 코엔 형제의 영화 「시리어스 맨
(A Serious Man)」의 영향이다. 그 영화의 주인공인 물리학자는 가르
치는 학생에게 F학점을 주면서 수학이 뒷받침되지 않는 물리학은
단순히 이야기에 지나지 않는다는 말을 한다. '슈뢰딩거의 고양이'
는 그저 비유일 뿐 그 자체가 이론은 아니라는 것이다. 당연한 이야
기지만, 지금까지 읽은 책이 '과학 책'이 아닌 '과학에 관한 이야기
책'이라는 사실을 깨닫게 되자 어떻게든지 한번 수준을 올려 보려는
시도를 해 보고 싶어졌던 것이다.

왜 법률가가 자연 과학 책을 읽느냐고 묻는다면 딱히 한마디로 답
변하기 어렵다. 법은 결국 인간을 다루는 것인데 인간의 행동을 이
해하기 위해서는 우리가 사는 세계의 원리를 설명하는 과학을 알 필
요가 있다는 식의 낯간지러운 이야기는 도저히 할 수가 없다. 법학
이 자연 과학은커녕 이웃한 사회 과학과도 소통이 잘 되지 않고, 대
학 시절 인문 대학이나 사회 대학 학생들이 구조주의니 해체주의니
하는 용어를 쓰고 다닐 때 레비스트로스(Claude Lévi-Strauss)가 청
바지 이름인 줄만 알았던 현실을 생각하면 '통섭'같이 거창한 단어
를 쓸 수도 없다. 억지로 대답을 하자면, 진리에 도달하기 위하여 애
를 쓰는 과학자들의 좌절과 성공을 보면 어딘가 위안이 되기 때문이
다. 우리가 다루는 사건을 우주의 원리에 비할 수는 없다. 하지만 과
거에 벌어졌던 사건의 정확한 진상을 파악하지 못해서 좌절감을 맛
보다가 하루 휴가를 내고 천문대에 가서 망원경을 통해서 3억 광년
떨어진 외부 은하를 보면, 누구나 알 수 있는 것까지만 알고 볼 수 있

는 것까지만 본다는 생각이 들면서 스스로 덜 책망하게 되는 것이다.

앨런 바이스베커(Allan Weisbecker)의 코믹 소설 『코스믹 반디토스(*Cosmic Banditos*)』에서 주인공은 '서반구 모든 법 집행 기관들이 눈을 뒤집고 쫓고 있는 범죄자'다. 그는 우연한 기회에 손에 넣게 된 물리학 책(동료 범죄자가 관광객을 상대로 강도짓을 해서 빼앗아 온 책이다.) 을 읽다가 다음 대목을 읽고 양자 이론에 심취하게 된다. 물리학 책 (혹은 '물리학에 관한 이야기 책')에 빠져드는 법률가들의 심리도 사실 그 주인공의 마음과 다를 것이 없다.

"양자 역학의 다세계 해석은 수많은 상이한 세상 속에 살고 있는 수많은 우리 삶의 판본이 동일한 시간 상에 존재한다는 점, 그것들의 수가 무한하다는 점, 그리고 그것들 모두가 실재한다는 점을 말해 준다."

금태섭 | 법무법인 공존 변호사

1967년 서울에서 태어나 서울 대학교에서 법학을 전공하고 코넬 대학교에서 법학 석사(LL. M) 학위를 취득하였으며, 서울 대학교 법과 대학 박사 과정을 수료했다. 법무법인 공존의 변호사이며, 새정치 추진 위원회 대변인을 맡고 있다.

내 마음속의 3채널 시스템

이정모 | 서대문 자연사 박물관 관장

"후보생 여러분! 앞으로 '잠깐만' 나와 주십시오. 본인 확인 하겠습니다."

스무 살이나 갓 넘겼을까? 착하게 생긴 짧은 머리의 청년이 맑은 목소리로 외쳤다. 하지만 그보다 예닐곱 살씩은 더 많은 후보생들은 앞으로 나가기를 주저했다. 타고난 모범생인 (그렇지 않을 경우 도덕적 명성에 흠집이 생길까 봐 두려운) 나는 들고 있던 성경을 아내에게 맡기며 말했다.

"여기에 가만히 있어. '잠깐만' 갔다 올게."

우리는 그렇게 헤어졌다. 결혼한 지 단 두 달 만에. 아까 그 청년은 이번에는 조용하지만 절도 있게 우리에게 4열 종대로 설 것을 요구했고, 우리는 가족을 뒤에 남긴 채 열을 맞추어 그를 따라 엷은 하늘색 건물로 향했다. 걷는 내내 아내가 그곳에서 나를 영영 기다릴까 봐 걱정했다.

어느덧 응달이었다. 모퉁이를 돈 것이다. 양달과 응달의 경계는 선명했다. 청년은 독사의 눈을 부라리고 있는 내 또래의 남자에게 우리를 넘겼다. 그러자 "여러분!"은 "야, 이 자식들아!"로 바뀌었고, 주머니에 손을 찔러 넣고 걷던 우리는 주먹을 쥐고 뛰기 시작했다. 아내에 대한 염려는 나에 대한 걱정으로 바뀌었다. 내 머릿속에 과거는 사라지고 현재만 남았다. '살아남아야겠다!'

생각해 보면 사관 학교는 나에게 첫 번째 미지의 세계였다. 마치 400만 년 전 아프리카에서 숲을 벗어나 사바나의 초원으로 들어서는 꼬리 없는 유인원처럼 미지의 세계에 대한 두려움에 떨었다. 바스락거리는 작은 소리에도 귀를 쫑긋했으며, 먹을 것이 있으면 일단 배를 채웠고, 누군가 큰소리로 외치면 덩달아 소리를 지르며 달리고 뛰어넘고 바닥에서 박박 기었다.

두 달이 지났다. 익숙해졌다. 식사량이 2배 이상 늘어났고 체력은 몇 배 좋아졌다. 처음에는 토할 것 같던 새벽 구보가 즐거웠다. "동이 트는 새벽꿈에 고향을 본 후 외투 입고 투구 쓰면 맘이 새로워."로 시작하는 군가를 달리면서도 우렁차게 부르는 내가 대견스러웠다. 비록 나무판자에 불과하지만 적을 향해 두려움 없이 총을 쏘았으며, 태권도 초단이 되었다. 아! 이제 강한 군인이 된 것이다. 그리고 아내가 그리웠다.

군대는 더는 미지의 세계가 아니었다. 군대는 꽤 단순한 조직이어서 쉽게 적응할 수 있었다. 우리는 분대-소대-중대 따위의 편재를 뛰어넘는 관계를 형성했다. 단순한 이익을 취하려는 경쟁을 뛰어넘어 집단 내에서 협조함으로써 이득을 얻는 방법을 체득했다. 선착순이라는 경쟁에서도 개인의 이기심을 억제하는 성향이 생겼다. 약골인 동료가 순위권에 들어 먼저 쉴 수 있도록 배려했다. 그러기 위해서는 누군가가 더 큰 고통을 감수해야 했다. 개체의 번식 적합성과 상관없이 나에게 손해가 되는 것이 명백한데도 남을 이롭게 하는 행위에 거침이 없었다. 어느새 '나'보다는 '남'을 먼저 생각하는 사고의 모듈을 뇌에 장착한 것이다. 우리가 전쟁에 나설 것이라고는 꿈에도 생각하지 않았지만, 만약에 전쟁에 나간다면 (아내와 부모님만이 아니라) 전우를 구하기 위해 수류탄 위로 몸을 던질 수도 있을 것 같았다. 하지만 전우애도 결코 뛰어넘을 수 없는 게 하나 있었다. 그것은 종교였다.

일요일 오전에 3개 중대가 종교에 따라 헤쳐 모였다. 불교, 기독교, 천주교, 무교. 우리 가운데 절대다수에게는 종교가 없었다. 그런데 우스꽝스럽게도 그들은 자신들이 무신론자는 절대 아니라고 했다. 마치 무신론자라고 낙인찍히면 무슨 큰일이라도 나는 듯이 말이다. 아마 '무신론자=공산주의자'라는 등식이 머릿속에 각인되어 있었나 보다. 그래서 대신 '무교'로 분류했고 그들은 자유 시간을 즐겼다. 나머지는 한두 시간의 달콤한 휴식 대신 예배를 선택했다. 예배당에서도 조는 것은 마찬가지였지만, 종교 행위를 한다는 것 자체가 자신에게 전우애를 뛰어넘는 커다란 안전망이라는 사실을 깨달았기 때문이다.

"저는 죄인입니다. 지난 수십 년간 대학에서 학생들에게 진화론을 가르쳤지요. 이제야 진리를 깨닫게 되었습니다."

2005년 8월 15일. 충격이 얼마나 컸는지 아직도 그날을 잊지 못한다. 박쥐의 생태를 평생 연구하다 은퇴한 후 교회에 출석한 지 얼마 되지 않은 노(老) 교수님은 전 교인을 상대로 한 과학 강연에서 지난 삶을 회개(悔改)하였다. 하지만 교수님은 진화론이 왜 잘못이며 그것을 가르친 게 왜 죄인지 설명하지 않았고 또 아무도 궁금해 하지 않왔다. 기독교인에게 진화론은 가장 큰 죄목 가운데 하나라고 그저 인정되기 때문이다. 박쥐에 대한 그분의 강의는 재밌고 유익했다. 하지만 죄인으로 앉아 있는 그 찜찜함이라니…….

"집사님, 지구의 나이는 얼마나 되었을까요?"

노 교수님에 이어 내가 강단에 올랐다. 내 강연 주제는 '인간 복제와 장기 기증'이었지만 교인들은 굳이 생화학자인 나에게 창세기에 대한 과학적인 확답을 기대했다. 짧은 순간이지만 고민 끝에 대답했다.

"지구의 나이는 약 6,000살에서 46억 살 사이입니다."

권사님들의 특별한 사랑을 받고 있다고 믿는 나는 곤란한 상황을 모면하기 위해 얼버무렸고 교인들도 대충 웃고 넘어갔지만, 빤한 과학적인 대답을 피한 게 매우 불편했다. 그리고 독일 유학 시절 지도 교수와 겪었던 정반대의 상황이 떠올랐다.

"뭐야? 교회에 다닌다고? 과학자의 탈을 쓰고서……."

교수님이 꼭 이렇게 말씀하신 것은 아니지만, 나는 그렇게 이해했다. 이 세상에서 가장 세련된 신사인 줄 알았던 지도 교수님은 말 그대로 노발대발했다. 항상 논리적으로 설명하고 질문할 때도 상대방에 대한 배려를 잊지 않았던 지도 교수님의 변신에 놀란 나는 그날 이후 그에 대한 존경의 상당 부분을 포기했다.

"집사님처럼 신앙 좋은 분이 과학을 하느라고 얼마나 힘드시겠어요?"

마치 내 삼촌이나 되는 양 우리 가족을 돌봐 주시던 독일 교회의 장로님은 내 이야기를 듣고 이렇게 위로하셨다. 그때 깨달았다. 과학자는 교회에 가면 안 된다고 생각하는 과학자가 있고, 신앙인이 과학을 하는 것은 양심에 어긋난 일이어서 도덕적으로 괴로운 일이라고 생각하는 신앙인이 있다. 이 사이에서 어떻게 처신해야 할꼬?

과학과 종교 사이에는 확실한 경계(境界)가 있는 것 같았다. 경계 양쪽의 사람들은 반대쪽을 궁금해 하면서도 경계(警戒)했다. 양쪽은 서로에게 무지했다.(귀국한 후 종교를 이해하는 무신론자와 과학을 이해하는 신앙인을 사귀게 된 것은 순전히 운이라고 생각한다.) 미지의 세계와 맞부딪혔을 때 상대방을 궁금해 하면서도 그들과 경계를 긋는 것은 당연하다. 호모 사피엔스와 네안데르탈 인이 서로 마주쳤을 때의 기분이 이렇지 않았을까?

양쪽 경계에 발을 담고 있는 나는 일종의 회색인이었다. 회색인은 우중충해야 하는데, 나는 그러기에는 하루하루가 즐거웠다. 실험실과 교회 모두 나에게 기쁨을 주었다. 양쪽 다 모르는 것 천지였고 하나씩 깨달아 가는 기쁨은 매우 컸다. 하지만 이 기쁨을 어느 쪽에도 들켜서는 안 되었다. 만약 들키면 어느 쪽에서도 안전망을 보장받지 못할 것 같았다.

나는 머릿속에 스위치를 달았다. 실험실로 출근할 때는 채널을 왼쪽으로, 집으로 돌아오면 중립, 교회에서는 채널을 오른쪽으로. 3채널 시스템도 괜찮았다. 채널 변환은 의외로 금방 익숙해졌고 다중 인격(?)의 생활도 나름대로 재미있었다. 하지만 언제까지 이렇게 살아야 한단 말인가!

사실 그것을 해치우지 못했던 것은 스스로 성찰할 틈이 없었기 때문이다. 그런데 2009년 9월, 10년 넘게 사용해 온 3채널 시스템을 청산할 기회가 생겼다. 비정규직 보호법의 친절한 보호를 받고 있는 박사 학위 미소지 강의 전담 교수였던 내가 계약 마지막 학기에 '과학과 종교의 대화'라는 과목을 맡은 것이다.

과목 이름에 '대화'가 들어 있으니 우리는 당연히 대화를 한다. 75분 수업을 2교시 연속으로 하는데, 첫째 시간에는 지난주 강의 주제로 학생들이 발표와 토론을 하고 둘째 시간에는 내가 새로운 주제를 강의하는 식이다.

다행히 수강생 가운데 상당수가 전 학기에 '과학 기술과 사회의 대화'라는 수업을 함께한 터라 초기부터 적극적이고 진지한 토론이 이어졌다. 첫째 주의 토론 주제는 '굳이 과학과 종교가 대화를 해야 하는 접촉점은 무엇일까?'였다. 뇌 과학과 종교, 인지 과학과 종교, 창조와 진화 등 여러 주제가 제안되었지만, 학생들은 창조와 진화를 선택했다. 그게 가장 만만하다고 느낀 것 같다. 학생들은 우선 자신이 믿고 있는 창조론과 진화론에 대해 간단한 에세이를 쓰고 그것을 바탕으로 토론하기로 했다. 학생들은 "내가 알고 있는 창조론과 진화론은 단 몇 단락의 에세이를 쓰기에도 버거울 정도로 토대가 없다."라고 결론 내리면서 한 학기의 수업에 두려움을 나타냈다. 그들은 내가 사관 학교에서 양달에서 응달로 넘어가던 그 순간을 경험하는 것 같았다.

이어서 우리는 넓은 스펙트럼의 창조론과 진화론의 입장에 서 보면서 각각을 경험하고 분석했다. 과학과 종교의 접촉점으로서의 진화와 창조에 대해 학습하고 토론한 다음에는 종교의 의미와 기능으로 주제를 바꾸면서 한 학기가 지났다. 대화의 목적은 변화다. 그러면 과연 변화가 생겼을까?

수강생의 절반은 무신론자였으며 나머지 절반은 대부분 기독교 신자였다.(도대체 불교 신자는 다 어디에 있단 말인가?) 중간고사 때까지도 무신론자들은 기독교 신자들을 (세련된 표현을 쓰기는 하지만 아주 비열하게) 조롱했고, 기독교 신자들은 (적어도 겉으로는) 그들을 불쌍히 여겼다. 초반에는 '젊은 지구 창조론'의 입장에 남아 있는 학생들이 많았지만, 이보디보(EvoDevo)라는 최근의 이론을 함께 공부할 무렵에는 '종의 변이'와 '오랜 지구'에 대부분 동의하였다. 그렇다. 조금만 생각해 보거나 책을 읽어 보면 종은 고정된 것이 아니라 끊임없이 변화하고 있고 거기에는 인간의 지식으로는 '우연'이라고도 보일 수 있는 메커니즘이 숨어 있다는 것은 누구나 알 수 있었다.

사관 학교와 군대라는 미지의 세계도 두 달이면 적응되었는데 과학 또는 종교라는 미지의 세계는 익숙해지는 데 더 많은 시간이 필요했다. 하지만 학기 말이 되자 눈에 띄는 변화가 생겼다. 무신론자들이 대부분 종교의 실체와 유용성을 인정하기 시작했다. 심지어 (내 의도와는 전혀 상관없이) 교회에 나가는 학생도 생겼다.(할렐루야!)

그 반대는 쉽지 않았다. 신학과 학생들과 이미 목사로 활동하고 있는 나이 많은 행정학과 학생은 진화가 실제로 일어난 것 같지만 진화 이론을 받아들일 수는 없다고 했다. 아는 것은 아는 것이고 그것을 믿음으로 고백할 수는 없다는 것이다. 왜? 신학생이니까, 그리고 목사니까. 만약 진화 이론을 받아들인다면 그것은 스스로 자신의 신앙의 토대가 사라졌다는 것을 의미한다고 했다.(아! 그렇다면 평생 교회에 다니고 있는 안수 집사인 나는 어떻게 된 것인가?)

교회는 매우 특이한 곳이다. 과학에서는 의심하면 칭찬받지만 교회에서 의심하면 믿음이 부족하다는 질책을 받는다. 여전히 모범생으로 남고 싶은 (즉 도덕적 명성에 흠집이 생길까 봐 두려운) 나는 대학에서와 달리 교회에서는 아직 진화론자로 커밍아웃하지 못했다. 내가 받을 질문이 빤하기 때문이다. "정말로 진화가 되었다고 믿나요?"

"그렇다면 창세기는 어떻게 해석해야 하나요?"

첫째 질문에는 이렇게 대답하겠다. "나는 진화를 믿지 않습니다. 다만 현재로서는 진화 이론을 부인할 수 없는 가장 완벽한 이론으로 받아들입니다. 만약 현대 진화론을 부인하는 어떠한 증거가 나타난다면, 예를 들어 공룡과 인간 화석이 함께 발견된다면 그날로 진화를 내 머리에서 지우겠습니다."

둘째 질문에 대한 대답은 이렇다. "그것은 목사님이나 신학자에게 물어보십시오. 성서는 인간의 이해를 위해 쓴 책입니다. 그러니 얼마든지 다시 해석할 수 있지요. 우리가 자연을 바꿀 수는 없습니다. 성서의 해석을 바꾸면 되지요. 그리고 그것은 그들의 일입니다. 저도 아주 궁금합니다."

스위치를 빨리 꺼야 경계를 쉽게 넘나들 텐데……. 어쨌든 다윈 만세다!

이정모 | 서대문 자연사 박물관 관장

연세 대학교 생화학과와 동 대학원을 졸업하고 독일 본 대학교 화학과 박사 과정에서 연구하였으나 박사는 아니다. 안양 대학교 교양학부 교수를 거쳐 현재는 서대문 자연사 박물관장으로 일하고 있다. 『달력과 권력』 등을 썼고 『마법의 용광로』 등을 우리말로 옮겼다. 이 글을 쓴 후 교회에서도 진화론자로 커밍아웃하여 행복하게 살고 있다.

미지, 경계와 기업가 정신

고산 | 타이드 인스티튜트 대표

네 운명과 장래는 항상 미지의 것이어야 한다. —레프 톨스토이

2009년 우연한 계기로 싱귤래리티 대학교(Singularity university, 이하 SU)란 곳에 대해 알게 되었다. 그런데 2008년 9월 설립되었다는 이 대학교는 관련 기사를 검색하고 홈페이지에 들어가 보아도 도대체 어떤 성격의 교육 기관인지 내 상식으로는 도무지 정체를 가늠하기 힘들었다.

SU는 미국 캘리포니아 주 실리콘 밸리 옆에 위치한 미국 항공 우주국(NASA) 연구 단지(NASA Ames Research Park) 내부에 자리 잡고 있는데 이러한 사실로 미루어 보면 NASA 또는 미 정부가 SU를 지원해 주고 있는 것 같다는 느낌이 들었고, 구글, 오토데스크(Autodesk), 이플래닛 벤처(ePlanet Venture) 등 유명 기업이 설립자 명단에 들어 있다는 사실은 이 학교에서 실제로 뭔가 중요한 것이 진행 중이라는 심증을 갖게 했다.

우리말로 해석하기조차 힘든 학교 이름도 신비한 느낌을 더하는

데 한몫했다. 싱귤래리티(singularity)를 굳이 우리말로 번역하자면 '특이점' 정도가 적당할 듯한데, 그렇다면 이 '특이점 대학교'는 도대체 무엇을 하는 곳일까? SU의 커리큘럼에 나노, 바이오, 인공 지능, 로봇, 우주, 에너지와 환경 등이 있는 것을 보면 어떤 식으로든 첨단 과학 기술과 연관된 것 같긴 한데, 대학교라는 이름을 걸어 놓고 정부 차원의 첨단 과학 프로젝트를 은밀히 진행하는 비밀 기관인 것은 아닐까?

이처럼 음모론적인 가설까지 심각하게 고려했던 나는 2010년 그 음모론의 진원지인 SU에 참여하게 된다. SU에서 제공하는 10주간의 대학원 연구 프로그램(graduate studies program)에 직접 참여하면서 이제 SU의 실체를 잘 알게 되었고 내 상식으로 SU를 파악하기 힘들었던 이유를 이해하게 되었다. SU는 여러 가지 의미에서 나와 내가 미처 알지 못했던 새로운 세계 사이의 경계에 위치하고 있었고, 이곳에서의 모든 경험이 내게는 신선한 충격이었다.

SU의 설립 이념인 (그리고 그토록 해석하기 힘들고 모호하게 느껴졌던) 싱귤래리티는 SU 설립자 중 한 명이며 유명한 미래학자인 레이 커즈와일(Ray Kurzweil)이 출간한 『특이점이 온다(The Singularity is Near)』라는 책에서 따온 것이었다. 커즈와일은 이 책에서 인류의 전 역사를 통해 과학 기술의 발전 속도가 기하급수적(exponential)으로 증가해 왔다는 사실을 여러 가지 예를 들어 증명하려 시도한다. '무어의 법칙'에 의해 2년마다 2배씩 성능이 향상되는 집적 회로의 기술 발전은 우리에게 익숙한 예 중 하나이다.

이러한 기술의 발전 속도를 그래프에 투영해 보면 위쪽으로 급격하게 휘어진 기하급수적 곡선을 그리게 되는데, 커즈와일은 앞으로도 이런 추세가 계속될 것이며 어느 순간을 넘어서면 상상조차 힘들 정도의 폭발적 속도로 기술이 진보하리라고 예측한다. 그는 그러한 폭발적인 진보가 일어나는 시점을 싱귤래리티(특이점)라고 정의하면서 인류의 기술 진보가 싱귤래리티에 가까워졌음을 인지하고 그에 맞추어 미래를 준비해야 한다고 주장한다.

물론 커즈와일이 옳을 수도, 반대로 틀릴 수도 있지만, 그의 예측에 동의하건 동의하지 않건 간에 그로부터 우리가 얻을 수 있는 것은 그의 주장의 기저에 깔린 기술 발전에 대한 낙관론이 아닐까 하는 생각이 든다. 커즈와일의 예측과는 반대로 과학 기술 진보의 속도가 시간이 지날수록 점점 느려져서 어느 순간 더는 발전하지 못하는 한계에 다다를 수 있고, 기술 발전이 인류에게 큰 재앙을 초래할지도 모르지만 이러한 비관적인 전망 대신 적극적인 자세로 과학 기술을 끌어안아서 부작용을 최소화하고 순기능을 극대화할 수만 있다면 과학 기술을 사회 변혁을 가속하는 도구로 사용할 가능성은 무한히 열려 있기 때문이다.

SU는 이러한 기술 진보의 낙관론에 기반해 더 나은 미래 사회를 꿈꾼다. 현재 인류가 당면하고 있는 문제를 사회적이 아니라 과학 기술적으로 접근해 해결하고자 한다. 예를 들어 아프리카 같은 저개발 국가에서 겪고 있는 식량 문제, 생활용수의 위생 문제, 에너지 빈곤 문제, 또는 선진국이 겪고 있는 대량 소비에 따른 쓰레기 처리와 재활용 문제, 화석 연료 기반의 에너지로부터 신재생 에너지로의 전환 문제, 심지어 먼 미래에 지구를 떠나 다른 행성을 찾아가야 할지도 모를 인류의 우주 개발 문제 등 우리가 해결해야 할 거대한 도전들에 대한 문제의식을 함께 공유하고 이를 해결하기 위해 과감한 시도를 감행하려 한다.

SU에는 세계 35개국에서 80명의 학생이 선발되어 10주간의 프로그램에 참여하고 있다. 학생들은 첨단 과학 분야의 박사 과정 학생에서부터 창업가, 사회적 기업의 CEO, 제3세계에서 활동하는 NGO, 변호사, 심지어 철학자에 이르는 다양한 배경을 지니고 있는데 한 가지 공통점이 있다면 SU의 원대한 비전을 공유하고 있다는 점이다. 2010년 학기의 총 지원자 수가 1,600명이었다고 하니 그 인기를 실감할 수 있다. 다른 나라에는 이렇게 잘 알려진 교육 기관이 미국의 오바마 대통령마저 지극히 사랑하는 교육 대국인 우리나라에는 왜 제대로 소개조차 되지 않았는지 의아한 느낌마저 들었다.

SU에서 제공하는 커리큘럼은 크게 3개의 하위 과정으로 구성된다. 가장 중심이 되는 기술 과정에는 인공 지능과 로봇 공학, 나노 기술, 네트워크와 컴퓨터 시스템, 바이오 기술과 바이오 정보 과학, 약물과 신경 과학 등 최근 주목받는 첨단 과학들이 포진해 있고 이러한 기술 과정을 지원해 주는 전략 과정은 미래학과 예측, 정책, 법률, 윤리, 금융, 기업가 정신, 경제학 등으로 구성되어 있다. 마지막 응용 과정에는 에너지와 환경 시스템, 우주와 물리학이 포함되어 있는데 에너지와 우주 개발 등 거대한 스케일의 응용 분야에 대한 커리큘럼을 제공함으로써 개별 기술에 함몰되지 않고 더 큰 그림을 그릴 수 있도록 배려하는 느낌이었다.

10주간의 프로그램 중 전반부 4주까지 진행되는 코어 커리큘럼 기간에는 각 분야의 저명한 학자들을 초청해 강의를 제공하고 자유롭게 토론할 수 있는 시간이 주어진다. 이를 통해 학생들은 개별 과학 기술 분야의 최전선에서 전문가들이 치열하게 고민하는 문제가 무엇인지에 대한 지식을 공유할 수 있고, 다른 분야의 연구 결과를 자신의 영역에 어떻게 적용할지, 혹은 반대로 자신의 분야를 다른 분야에 어떻게 접목할 수 있을지 생각하는 기회를 갖게 된다. 이에 더해서 자신의 분야에서는 이미 최고 수준의 전문가인 학생들이 서로에게 강의를 주고받는 언컨퍼런스(unconference)라는 새로운 개념의 활동도 활발하게 이루어졌는데 이를 통해 얻는 지식이 강의 시간에 얻은 지식보다 유용할 때도 많이 있었다.

우리나라에서도 '통섭'이나 '융합' 등이 화두가 되었는데, SU에서는 이런 과정을 통해 자연스럽게 학문의 경계를 넘나들며 각각의 분야의 연구 결과를 이해하고 다른 분야의 전문가들과 의견을 교환할 수 있는 진정한 의미의 컨버전스(convergence)가 가능했던 것 같다.

코어 커리큘럼 후 5주에서 7주까지는 첨단 기술을 바탕으로 창업한 실리콘 밸리의 회사들을 방문해 현장을 직접 체험하고 첨단 기술에 대한 추상적인 개념을 더욱 구체적으로 다듬어 간다. 동시에 여럿이 팀을 조직해 프로젝트를 시작하는데 이 프로젝트의 규모가 사뭇 대단하다. "기하급수적인 속도로 발전하고 있는 기술을 활용해 향후 10년간 10억 명의 사람들의 삶에 좋은 영향을 줄 수 있는 제품이나 서비스를 디자인하는 것."이 팀 프로젝트의 궁극적인 목표인데, 2010년에는 물, 식품, 에너지, 업사이클(upcylce, 재활용(recycle)에서 발전된 개념), 우주 등이 프로젝트 주제로 정해졌고 나는 에너지 팀에 참여해 전기가 들어오지 않는 저개발 국가의 가정에 1킬로와트의 전력을 공급하는 것을 목표로 프로젝트를 진행했다.

마지막 3주 동안은 팀 프로젝트 완성에 집중해 마지막 날 여러 사람 앞에서 결과 발표를 하게 되는데, 그 자리에는 학생과 교수진뿐만 아니라 유명 기업의 CEO와 벤처캐피털(venture capital)의 사람들도 초청된다. 사업성이 있는 팀 프로젝트가 바로 투자와 연결될 수 있기 때문에 팀들은 저마다 제대로 된 비즈니스 모델을 제출하기 위해 최선을 다한다. 2009년에는 40명의 학생이 프로그램에 참가했는데 10주가 지나고 3개의 새로운 회사가 탄생했다.

10주 동안 준비해 새로운 회사를 만든다는 것 자체가 내게는 커다란 문화적 충격이었다. 하지만 바로 곁에 있는 실리콘 밸리의 영향 때문인지 이곳에서는 창업이라는 것이 전혀 어렵지 않다는 분위기였다. 실패를 두려워하기보다는 미지의 세계에 대한 도전에 설레어 하고 도전 행위 자체에 매우 큰 가치가 부여되는 이곳의 분위기와, 실패한 경험조차 소중한 자산으로 존중받기 때문에 실패 원인이 정당하고 좋은 아이디어만 있다면 오히려 실패 경험이 있는 사람이 자금 지원을 받을 수 있는 문화가 부럽기만 했다. 한 번 실패하면 다시 일어서기 힘든 우리나라의 환경을 심각하게 생각하게 하는 계기가 되었다.

내가 처음 SU에 대해 알게 되었을 때 도무지 그 개념을 이해할 수 없었던 이유도 바로 여기에 있었던 것 같다. 개인을 넘어 사회적 차원에서 미지의 세계를 향한 도전을 감행케 하고 장려하는 문화가 우리에게 있는가? 잿더미에서부터 시작해 한강의 기적을 일구어 내면서 무에서 유를 창조해 낸 우리 부모님 세대에게 분명히 존재했던 역동적인 피가 지금 한국의 젊은 청년들에게도 흐르고 있는가? 지금 우리나라는 유사 이래 그 어느 시기보다 세계사에 두각을 나타내고 있지만, 청년층 사이에 만연해 있는 도전에 대한 불안과 안정에 대한 열망이 우리 사회를 열적 평형과 같이 죽어 버린 상태로 만들어 가고 있는 것은 아닐까? 라는 우려의 목소리가 여기저기에서 들려온다.

모든 문제를 젊은 세대 개인의 탓으로 돌릴 수만은 없다. 우리 청년들의 창의성과 도전 정신을 억누르고 있는 사회 구조적인 문제도 간과해서는 안 된다. 나 역시 자신은 언제나 새로운 것을 동경하고 미지의 세계에 대한 도전을 감행하면서 살아왔다고 생각했는데 SU에서의 경험을 통해 내 사고를 옥죄고 있는 사슬을 발견하고는 커다란 충격을 받았다. 청년이라면 누구나 도전을 꿈꾼다. 미지의 세계에 대한 도전이 젊음의 특권이기 때문이다. 하지만 주변의 모든 사람이 변화 대신 안정과 불안을 이야기한다면 도전의 날개는 쉽게 꺾이게 마련이다. 우리가 새로운 세상을 꿈꾼다면 이들의 날개를 꺾는 어떠한 이유도 정당화될 수 없다. 아무리 사소한 도전의 몸짓이라도 존중되어야 하고, 더욱 성숙할 수 있도록 보호받아야 한다.

특히 과학 기술 분야에 몸담고 있는 사람들에게는 이와 같은 정신이 더욱 중요하다. 과학 기술은 언제나 인류의 지적 지평을 넓히고 삶을 변화시키는 데 그 가치가 있으며 그때 가장 매력적으로 빛날 수 있었다. 과학 기술은 책장 한구석에 장식된 박제가 아니라 언제나 생생하게 살아 있는 유기체여야 하며 첨단의 경계에서 미지의 세계와 조우하는 통로가 되어야 한다.

'미지와 경계'라는 주제로 원고 청탁을 받고 SU에 대해서 이렇게 장황하게 이야기를 늘어놓고 있는 것도 우리 사회에 도전을 장려하고 미지의 세계와의 경계선에 서려고 하는 사람들의 용기를 북돋아 줄 수 있는 유연한 시스템이 자리 잡았으면 하는 바람 때문이다. 하지만 이러한 열망이 각자의 머릿속에만 머문다면 또한 아무런 변화를 불러일으킬 수 없음을 확신하기에 우리나라에 적합한 형태로 이러한 교육 기관을 도입하는 데 직접 참여하는 것이 나의 새로운 도전 중 하나가 되었다. 결과가 어떻게 될지는 모르겠지만, 위에서 언급했던 것처럼 최선을 다해 도전한다는 것 자체에 이미 많은 의미가 담겨 있으리라고 믿는다.

고산 | 타이드 인스티튜트 대표

1976년 서울에서 태어나 서울 대학교에서 수학을 전공하고, 같은 학교 대학원에서 인지 과학을 공부하였다. 2005년부터 2007년까지 삼성 종합 기술 연구원에서 연구원으로 근무하였고 2006년 대한민국 우주인 최종 후보로 선발되었다. 2007년, 러시아 유리 가가린 우주인 훈련 센터에서 1년간 우주인 훈련을 받았고 2009년 8월까지 한국 항공 우주 연구원 정책 기획부에서 선임 연구원으로 재직하였다. 2011년부터 창업 지원 전문 비영리 단체인 타이드 인스티튜트(TIDE Institute) 대표를 역임하고 있으며, 2013년 3D 프린터를 만드는 벤처 기업 에이팀(A Team)을 창립하였다.

달을 가리키는 손가락 보기

박상준 | 포항 공과 대학교 인문 사회학부 교수

1. UFO라는 이름

미확인 비행 물체(unidentified flying object, UFO) 이야기는 많은 사람의 흥미를 끈다. 과학이나 과학적 공상, 혹은 SF 등에 특별한 관심이 없던 사람들도 인터넷이나 신문의 해외 토픽을 장식하는 UFO 이야기에는 시선을 주기 마련이다.

물론 우리는 심심찮게 보고되는 UFO들이 정말 외계로부터 왔다고 믿기란 어렵다는 것을 알고 있다. 그중 상당수는 기상 관측 장비거나 풍선, 비행기로 판명되었고 심지어 단순한 조작의 산물이기도 했다. 그 나머지 소수의 경우만이 말 그대로 정체가 불분명한 UFO로 남는데, 이 또한 정체를 알 수 없는 물체 혹은 현상이라는 것이지 그것이 외계에서 날아왔음을 의미하지는 않는다.

사실 일군의 UFO가 「인디펜던스 데이(Independence Day)」 같은 영화에서 봤던 거대한 외계 우주선의 정찰대라 한다면 지구의 운명은 물론이고 당장 우리 자신의 미래는 어떻게 되겠는가. 이를 생각하면 UFO는 UFO로 머무는 편이 훨씬 낫다고 누구라도 생각할 것이다. 따라서 UFO에 대한 일반인의 관심은, 그것이 인류보다 월등히 뛰어난 첨단 과학을 발전시킨 외계 존재의 산물이기를 바라지는 않으면서 이루어진다고 할 수 있다.

요컨대 많은 사람들의 흥미를 끄는 UFO는 그것이 말 그대로 UFO인 상태, 즉 정체를 알 수 없는 수준에 머무는 경우로 한정된다. 진짜다, 가짜다, 갑론을박의 여지가 있는 경우 말이다. 이런 의미에서 사실 우리의 관심과 흥미는 UFO 자체가 아니라 'UFO 이야기'에 놓여 있다고 하는 게 적절해 보인다.

이런 생각은 일전에 DVD 4장 분량의 다큐멘터리 「UFO 사냥꾼(UFO HUNTERS)」을 보면서 든 것인데, 여기서도 초점은 UFO 자체가 아니라 그에 대한 사람들의 각종 기록과 증언, 분석, 해석 등 'UFO 이야기'에 맞춰져 있었다. 이들을 보면서 UFO 이야기의 구조와 UFO라는 이름의 특징에 대한 생각이 이어졌다.

UFO 이야기는 기본적으로 알 수 없는 것에 대한 이야기이다. 이 이야기는 어렵게 찾아낸 정체불명의 파편이나 설명력을 갖지 못하는 불충분한 자료, 이제는 희미해진 기억의 흔적을 가지고 UFO라는 대상을 구성하려는 시도로 이루어진다. 물론 그렇게 만들어진 대상은 너무도 취약하기에 과학으로 증명할 수 없거나 도리어 부정되기 십상이다.

그럼에도 이들 이야기는 'UFO를 UFO로 남겨 두는 방식으로' 자신을 유지한다. 구성하고자 하는 대상을 알 수 없는 상태로 유지함으로써 그에 대한 이야기들이 계속 이어지는 것인데, 이러한 메커니즘이 가능한 것은 바로 UFO라는 이름의 특징 때문이다.

UFO라는 이름은 모순적이다. 이름 혹은 이름 짓기의 원래 목적은 어떤 물체나 관념을 가리키거나 그것을 규정하는 데 있다. 창조를 끝낸 하나님이 아담을 불러 자신의 창조물 하나하나에 이름을 부여하는 장면을 떠올려 보라. 물체든 관념이든 이름은 그렇게 만들어진다. 그런데 UFO는 어떠한가. 대상의 사실성 자체가 의심스러운 마당에 '정체를 규정할 수 없다(unidentified)'라는 내용으로 이름이 이루어져 있지 않은가. 이런 의미에서 UFO야말로 세상의 다른 이름들과 같은 자격을 갖지 못한 채 그것을 지향하는 이름, 즉 '이름이 되고자 하는 이름'이라 할 수 있다.

따라서 UFO라는 이름은 외계 생명체를 가리키기 이전에 우리 인간의 욕망, 이름을 짓고자 하는 저 무한한 우리의 욕망을 가리키는 것이라고 하겠다.

2. 제우스의 번개

이름을 짓고자 하는 욕망이란 무엇인가? 대상을 알고자 하는 욕망이다. 예컨대 UFO의 정체를 알고자 하는 간절한 욕망이 'UFO라는 이름'을 낳은 것이다. UFO 이야기도 마찬가지이다. 미지를 알고자 하는 우리의 욕망이 그치지 않기 때문에 UFO 이야기는 끊임없이 재생산되어 왔다.

미지의 세계를 알고자 하는 욕망, 앎을 추구하는 인간의 본성에 대해서는 철학자들이 밝혀 놓은 게 많다. 임마누엘 칸트(Immanuel Kant)나 프리드리히 빌헬름 니체(Friedrich Wilhelm Nietzche) 등에 따르면, 앎의 메커니즘은 미지의 것을 기지의 것으로 바꾸는 것이다. 얼핏 동어 반복처럼 보일 수도 있지만 그렇지 않은 것이, '기지의 것'이 '미지였던 것'에 항상 정확히 닿아 있는 것은 아니기 때문이다. 칸

트는 우리의 앎은 사물 자체를 아는 것이 아니라 했고, 니체는 모르는 것이 주는 불안을 해소하기 위하여 정체불명의 대상을 '아는 것, 즉 조작할 수 있는 것'으로 바꾸는 행위로 명명 행위(naming)를 분석하였다.

신화를 예로 들어 보자. 그리스 신화에서 번개가 제우스의 무기로 사용되며 실상 그것이 허무맹랑한 거짓임은 누구나 아는 일인데, 주목할 점은 그러한 신화가 앎의 욕망에 따른 것이며 그 측면에서 실제적인 효과를 거둔다는 사실이다. 그러한 신화를 갖기 전의 인간은 번개가 치는 들판으로 나아갈 수 없다. 언제 어디로 떨어질지 모르는 번개를 맞을 수도 있다는 두려움 때문이다. 그러나 일단 신화가 형성되고 나면 제우스를 충실히 경배한 사람들은 번개가 떨어지는 들판 속에서도 자유롭게 돌아다닐 수 있게 된다. 번제를 드린 신이 자신을 벌하지는 않으리라는 믿음이 있기 때문이다. 이렇게 그리스 신화는 정체를 알 수 없어 두려웠던 번개를 제우스가 노여울 때 쓰는 무기로 해석하면서 두렵지 않은 대상으로 바꾸어 놓는데, 이러한 신화의 기능이야말로 미지를 기지로 바꿈으로써 두려움을 해소하는 앎의 메커니즘을 잘 보여 준다.(번개를 제우스의 무기로 믿고 돌아다니다 사람이 죽어도 앎의 체계로서의 신화는 유지된다. 생전에 제우스를 경건히 섬겼던 누군가가 번개를 맞아 죽는다 해도 다른 사람들은 그의 행동이 위선이었다고 여길 테고, 죽은 자는 말이 없기 때문이다.)

미지의 것을 기지의 것으로 바꾸는 이러한 정신 행위, 곧 인식 과정은 위 예에서 잘 나타나듯이 철저히 주체 중심적이다. 이런 의미에서 앎이란 사물을 대상화하고 그것을 주체의 시선으로 규정하는 것이라 할 수 있다. 우리의 통념과는 달리 많은 경우 앎이란 대상에 충실한 것이 아니라는 말이다. 니체도 말하듯이 우리 인간은 '우리가 알지 못하는 것'과 '무언가를 알지 못하는 상태'를 싫어하는지도 모른다. 실재에 부합하는지 여부와 상관없이 무언가에 대한 지식을 부단히 형성해 온 문명사 자체가 이러한 판단의 원인이자 결과이다.

사실 따지고 보면 거의 모든 지식이 다 이러하다. 사회 과학들은 온전한 전체로서 인간의 전체 행위를 분석하는 것이 아니라 경제학적 인간, 사회학적 인간, 심리학적 인간의 행동 등 개별 학문의 관심에 따라 구성된 일면을 대상으로 한다. 자연 과학 또한 다르지 않다. 우주와 물질의 근원에 대한 우리의 지식이 불완전하고 불확정적일 수밖에 없음을 현대 물리학이 밝혀 준 다음에도 수학적 우주, 물리학적 자연, 생물학적 유기체와 같이 특정하게 구성된 연구 대상 위에서 자연 과학의 성과가 부단히 생성되고 다시 뒤집히지 않는가.

실재 자체가 아니라 상징체계가 중요한 사회에 우리가 살고 있다는 현대 철학의 판단이나, 과학의 역사는 누적적, 점진적인 것이 아니라 단절적인 패러다임의 전환으로 이루어졌다는 과학 철학의 주장 모두 지식이 주체에 의해 구성된다는 판단에 힘을 실어 준다. 따라서 현재 우리가 갖고 있는 지식 또한 제우스의 번개에서 크게 벗어난 것이 아니라 할 수 있다.

3. '유레카!'와 '너는 왜 그러니?'

무지, 혹은 미지에 대한 두려움과 거부에서 앎이 나올 때 그 앎은 기쁨을 동반한다. 이 기쁨은 그러나 공자께서 말씀하신 것처럼 '배우고 때로 익히는 일' 자체에서 나오는 것만이 아니다. 아르키메데스(Archimedes)의 경우처럼 며칠간 침식을 잊고 고민하던 문제로부터 해방되는 기쁨에 그치지도 않는다.

앎에 따르는 기쁨의 대부분은 미지의 대상이 기지의 것이 되면서 그 대상을 제 마음대로 다룰 수 있게 된다는 사실에서 나온다. 앎에 따른 조작 가능성에서 앎의 기쁨이 생겨나는 것이다. '유레카!'를 외쳤던 아르키메데스의 기쁨 또한 왕관의 문제, 사기꾼 제작자의 문제를 처리할 수 있게 된 데서 왔다고 할 수 있다. 이러한 점은 비근한 예들에서 금방 확인된다. 운전법을 모르는 상태에서 자동차 운전석에 앉아야 한다면 우리는 엄청난 두려움을 느끼지만 일단 운전법, 즉 사용법을 알게 되면 드라이빙의 즐거움을 누리게 된다. 어려운 수학 공식을 이해하고 조작할 수 있게 되어 새로운 문제들을 풀 때 느끼는 기쁨 또한 마찬가지이고, 캐릭터를 제 마음대로 다루는 데서 게임의 재미가 나오는 것이야 따로 말할 것도 없다.

이런 의미에서, 인간의 세 가지 기술, 곧 사용하는 기술, 만드는 기술, 모방하는 기술을 말하면서 사용하는 기술을 가진 자가 그 대상에 대해 가장 잘 안다고 했던 플라톤(Platon)을 이해할 수 있다. 푸딩에 대한 가장 정확한 지식은 푸딩을 만들거나 먹을 때 생긴다는 유물론적 인식론의 주장도 이 맥락에서 받아들일 수 있다.

그러나 앎의 기쁨은 위험한 것이다. 앎의 추구가 앎의 기쁨이라는 이름 아래 이루어질 때 가장 위험하다는 점에서 이는 각별한 주의를 요한다. 원자 폭탄을 제조한 물리학자들이나 인간 복제의 길을 마련하고 있는 생명 과학자들의 연구는 대부분 과학의 가치 중립성에 기대어 탐구의 기쁨을 탐닉한 결과에 해당된다. 이들에게서 끔찍한 괴물을 만들어 낸 프랑켄슈타인 박사의 그림자를 발견하기란 어렵지 않은 일이다.

두려움을 물리치고 조작 가능성에 따른 기쁨을 유발하는 앎의 위험은 더 일반적인 사례에서도 확인된다. 역사를 알게 되었을 때 인간은 우리 자신의 뜻에 맞는 사회를 만들 수 있다고 믿었으며 그러한 믿음 위에서 세계 대전을 포함한 각종 폭력을 거리낌 없이 행사해 왔다. 금융 공학에 정통한 미국 월스트리트의 금융 전문가들이 세계 경제를 위기에 빠뜨린 것 또한 좋은 예이다.

가정이나 학교 등의 일상생활에서조차 우리는 이러한 위험을 볼 수 있다. 부모와 자식, 스승과 제자 관계에서 흔히 주고받고 떠올리는 "너는 왜 그러니?"의 문제를 생각해 보자. 형식은 의문형이지만 대부분의 경우 이 문장은 무언가를 묻는 게 아니라 요구하고 있다. '너'에 대한 나의 이해에 부합되는 행동을 하라고 요구하는 것인데, 이는 '너'를 안다는 생각에 근거를 두고서 자신의 기대에 어긋나는 행위를 받아들이려 하지 않는 자기중심적이고 폭력적인 태도에 해당된다. 이러한 태도에서 "학생이 왜 그러니?"에 닿아 있는 "학생의 본분은 공부야!"라는 압박, "연예인이 왜 그러니?"에서 파생되는 "연예인이면 연예인답게 행동해라!" 하는 식의 강제가 생겨난다. 이 모두가 저 옛날의 안분지족의 논리이자, 장 폴 사르트르(Jean Paul Sartre)가 말하는 바 지식인이 아니라 지식 전문가가 되기를 강제하는 것임은 다시 설명이 필요하지 않다.

4. 달을 가리키는 손가락

모든 사회적 경계는 내부를 결속시키며 팽창하는 성질을 갖는다. 경계 내의 동질성을 강화함과 동시에 경계 밖의 타자를 자기중심적으로 규정함으로써 경계 내로 끌어들이려 한다. 유감스럽게도 이러한

RM

속성의 경계는 앎의 영역에서도 동일하게 작용한다.

앎의 추구란 언제나 단일한 에피스테메(episteme) 혹은 동일한 인식론적 지평 위에서 앎의 영역을 무한히 확장해 가는 방식으로 이루어져 왔다. 앎의 추구가 보이는 이러한 '동일성론에 의한 타자의 지배' 양상은 제국주의의 식민지 쟁탈전보다도 더 철저하게 전면적으로 수행되어 왔다. 그 결과는 당연히도 부정적이다. 적게는 차이의 부정에서 크게는 타자에 대한 침해에 이르기까지 그 폐해는 실로 크다.

사정이 이렇다고 하여 앎 자체를 거부할 수는 없는 이상, 우리에게 남는 것은 앎에 대한 태도를 바꾸는 일뿐이다. 두 가지 정도가 가능해 보인다. 대상에 대한 조작 가능성이 주는 기쁨을 포기하고 앎을 그 자체로 대하는 일이 하나요, 앎의 경계를 항상 의식하여 착각에 빠지지 않는 것이 다른 하나다. 후자에 근거하여 전자가 가능해지므로, 정작 중요한 것은 앎의 경계를 의식하는 일이라 하겠다.

앎의 경계를 의식한다는 것은, 안다는 것에 대해 지금까지 살펴본 바를 유념하면서 대상을 대하는 것, 대상에 대한 앎과 대상을 혼동하지 않음으로써 대상에 가해 왔던 폭력을 거두는 것이다. 달에 대해서는 손가락으로 가리킬 수밖에 없는 처지에서, 달이 아니라 달을 가리키는 손가락을 본다고 꾸짖는 것은 달과 상대편 모두에게 폭력을 행사하는 것이다. 앎의 경계를 의식함으로써 모든 이름이 사실은 'UFO'와 마찬가지로 실재 자체와는 거리를 둔 것이라는 점을 깨닫게 될 때, 이러한 폭력을 거둘 가능성이 생겨난다.

그리고 이때에야 비로소 우리는 경계 짓기 자체를 넘어서 존재하는 새로운 종류의 앎, 대상으로부터 언제나 새로운 요소를 발견해 내는 앎의 태도로 나아갈 수 있다. 상대의 정체성을 규정하여 대상을 강제하는 대신에 행위의 의도와 지향하는 바를 알려고 하며 현재에 충실을 기하는 것이 가능해지는 것이다. 여기에서는, "너는 왜 그러니?"라고 힐책하는 대신에 "너"(에 대한 나의 고정된 이해)를 지운 상태에서 "왜 그러니?"라고 상황에 주의하며 자상하게 묻는 것이 가능해진다.

달리 말하자면 이러한 태도는 안다고 하는 대신 끊임없이 질문을 던지는 행위이기도 한데, 이는 생각만큼 낯선 것이 아니다. 새로운 인간형을 부단히 형상화하며 인간의 자유를 확장해 온 인간에 대한 현대 문학의 탐구가 이러한 태도의 결과이고, 칼 포퍼(Karl Popper)의 반증 가능성과 같은 과학에 대한 과학 철학의 기본 전제 또한 이에서 멀지 않으며, 대상에 대한 탐구가 대상 자체를 확장하기도 하는 인문학적 성찰 또한 동궤의 것인 까닭이다. 대상에 대한 자의적 규정 없이 이들의 탐색이 소중한 성과를 거두어 오고 있음을 보면, '앎의 경계에 대한 앎을 포함하는 새로운 앎'의 이해가 다소 꼬인 듯 보이는 표현처럼 그렇게 낯선 것만은 아닐 것이다.

박상준 | 포항 공과 대학교 인문 사회학부 교수

서울 대학교 국문과에서 한국 현대 문학을 전공했다. 현재 포항 공과 대학교(POSTECH) 인문 사회학부 교수로서 이공계 학생들과 문학, 문화를 공부하고 있다. 아시아태평양 이론물리 센터 과학 문화 위원, 포항 공과 대학교 신문 주간 교수, 한국 장학 재단 운영 위원 등의 일을 하며 한국 문학 연구 외에 다양한 분야에 관심을 기울이고 있다. 특히 한국 창작 SF의 발굴과 과학 커뮤니케이션 활성화에 각별한 애정을 갖고 있다. 지은 책으로 『한국 근대 문학의 형성과 신경향파』, 『1920년대 문학과 염상섭』, 『소설의 숲에서 문학을 생각하다』, 『한국 소설 텍스트의 시학』 등이 있다.

나는 사라진다,
저 광활한 우주 속으로

이명현 | 세티 코리아 조직 위원회 사무국장

사람은 누구나 예외 없이 죽지만, 다른 사람의 죽음을 직접 가까이서 목격하는 경우는 의외로 흔치 않다. 죽음은 결코 넘어설 수 없는 가장 큰 현실적인 벽이면서 언젠가는 다가오고야 말 필연적인 절망이나 사람이 늘 죽음을 의식하면서 살아가는 것은 아니다. 우리는 살아가기 위해서 가장 치명적인 현실인 죽음을 의도적이든 본능적이든 망각하면서 하루하루를 살아간다. 따라서 불현듯 죽음이 우리 앞에 나타나기 전까지는 죽음에 대한 우리들의 체감 온도 또한 낮을 수밖에 없다. 하지만 또 한편 죽음은 늘 우리 곁에 실존해 있고, 우리의 의식과 가치관을 냉정하게 지배한다. 영국의 극작가 존 웹스터(John Webster)는 "죽음에는 수만 개의 출구가 있다."라고 말했다. 이 말을 나는 사람마다 죽음에 대한 각자의 태도가 있다는 뜻으로 읽고 싶다. 이 글은 죽음이라는 미지의 세계에 대한 나의 사적인 '태도'에 관한 이야기이다.

오래전 있었던 일이다. 내가 흐로닝언 대학교에서 유학하고 있던 시절, 마침 국제 천문 연맹(International astronomical union) 총회가 네덜란드 헤이그에서 열리고 있었다. 나는 한국에서 온 은사님과 선배 한 분, 그리고 당시 박사 학위를 지도해 주셨던 네덜란드 교수님 한 분을 헤이그의 스헤베닝언(Scheveningen) 해변으로 초대했다. 중국 식당에서 이른 저녁 식사를 같이하고 바다가 코앞에 바라보이는 노천카페에 앉아서 맥주를 한잔 하던 참이었다. 바로 옆 테이블은 비어 있었고 한 테이블 건너에는 나이가 꽤 들어 보이는 할머니와 할아버지가 나란히 앉아서 바다를 바라보며 벨기에 맥주를 마시고 있었다. 한여름이었지만 청명한 우리나라 초가을 날씨 같았다. 긴 생머리에 토플리스 차림을 한 서양 여성이 책을 읽으면서 맨발로 해변을 거닐고 있었다. 그녀가 매고 있던 날렵하게 생긴 빨강 배낭은 세차게 불어오는 바람에 날렸다가 그녀의 맨등을 때리기를 반복했다. 노인들은 담요로 무릎을 덮고 바닷바람을 견뎠다. 우리는 벨기에 맥주 몇 종류를 탐닉하다가 독한 네덜란드 전통술을 한잔씩 기울였다.

이 평화로운 한여름 초저녁의 광경이 급박해진 것은 잠시 후였다. 다급하지만 차분한 할머니의 목소리가 들려왔다. 할머니의 목소리 톤이 높아지면서 네덜란드 어의 억센 자음 발음이 더 격하게 튀어나왔다. 여전히 무릎을 담요로 감싼 채 고개를 깊이 떨어뜨린 할아버지의 모습이 보였다. 무슨 말인지 잘 알아들을 수는 없었지만, 할머니는 랩을 하듯 끊임없이 말을 뱉어 내고 있었다. 마치 모차르트의 레퀴엠 같았다. 할아버지는 미동도 하지 않은 채 그 모습 그대로 의자에 걸쳐져 있었다. 젊은 웨이트리스가 황급히 그들에게 다가갔다. 할머니는 여전히 레퀴엠 랩을 뱉어 내고 있었다. 눈물을 흘렸다. 할아버지는 그 모습 그대로였다. 구급차가 도착했다. 응급 처치가 이어졌지만 별 소용이 없는 듯했다. 우리를 포함해서 모두 말없이 그 광경을 지켜보고만 있었다. 구급차가 떠났다. 바닷바람이 좀 더 세차게 몰아쳤다. 토플리스 여인은 이젠 반대 방향으로 걸어가고 있었다. 여전히 맨발이었다.

얼마간의 침묵이 끝나자 우리들은 죽음에 관해서 이야기하기 시작했다. 우선 그 할아버지는 심장마비를 일으켰고 구급차가 도착하기 전 이미 죽었을 것이라는 데 모두 동의했다. 나의 네덜란드 지도 교수는 자신은 순식간에 죽음을 맞이하고 싶다는 소망을 늘 갖고 산다는 이야기를 했다. 어떤 죽음을 맞이하고 싶은지 다른 사람들의 이야기가 이어졌다. 그렇게 시작된 이야기는 늘어 가는 빈 술잔과 더불어 밤이 깊어 가도록 계속되었다. 안락사, 자살, 살인, 상상할 수 있는 온갖 종류의 죽음에 대해서 이야기하고 토론했다. 그 내용을 여기에 다 옮겨 적을 수는 없지만, 씁쓸하지만 유쾌한 토론이었다고 기억한다. 구급차에 따라 타면서도 연방 랩을 쏟아 내던 할머니의 모습에 가슴 뭉클했던 기억이 새록새록 솟아오른다. 내가 기억하는 한, 죽음을 화두로 나눈 가장 진지했던 대화였다.

외할아버지는 내가 대학생이었던 어느 겨울날 돌아가셨다. 마침 방학이어서 어머니를 따라서 병상에 누워 계시던 외할아버지 병문안 길에 나섰는데, 우리가 도착한 바로 그날 돌아가셨다. 다행히 어머니와 외삼촌들은 외할아버지의 마지막 떠나는 자리를 지킬 수 있었다. 나도 그 자리에 있었다. 외할아버지는 삶과 죽음의 경계선을 별다른 예고도 없이 조용히 넘어가 버리셨다. 외사촌 동생들이 어려서 내가 운구 행렬 맨 앞에 서서 영정을 모셨다. 핏줄로는 가장 가까운 사람의 죽음이었다. 영정을 들고 가는 사람은 결코 뒤를 돌아보아서는 안 된다고 했다. 영정을 들고 가는 내내 마치 내가 외할아버지가 되어 이 세상을 떠나는 것처럼 느껴졌고 울컥했다.

아마 초등학교 저학년 때였을 것으로 생각된다. 처음으로 죽은 사람의 모습을 목격했던 기억이 있다. 동네 사람들이 몰려 있는 곳을 비집고 들어가서 본 것은 가마니로 덮어 놓은 시체였다. 정확하게 말하자면 가마니로 미처 덮지 못한 시체의 두 발이었다. 오싹했고 무서웠다. 아이들 사이에서 시체의 주인공이 동네를 떠돌아다니면서 개를 잡아먹던 할아버지였다는 소문이 돌았다. 하지만 며칠 후 떠돌이 할아버지가 모습을 드러내면서 헛소문임이 밝혀졌다. 그래서 더 무서운 기억으로 남았다. 그 차가운 살빛 어린 두 발의 모습을 지금도 잊을 수 없다.

나는 네팔에 갈 때마다 기어이 시간을 내서 힌두교 사원 근처에 있는 화장터들을 순례하곤 한다. 큰 사원 옆의 화장터는 나름 화려하고 장작을 충분히 써서 화장을 한다. 많은 이가 모여 화염 속에서 재가 되어 떠나가는 고인의 모습을 오랫동안 지켜본다. 하지만 작은 사원의 화장터에는 화장 장면을 지켜보는 사람도 많지 않고 장작도 부족해서 미처 다 타지 못하고 나뒹구는 시체들이 많다. 없는 장작을 이리저리 굴리면서 고인의 시체를 조금이라도 더 태워 보려고 애쓰는 가난한 가족들의 모습을 보고 있으면 무어라 표현할 수 없는 울컥함에 눈물이 흐르곤 했다. 돈이 없어서 장작을 충분하게 살 수 없는 가족들 마음은 얼마나 안타깝겠는가.

사실 내가 화장터를 찾아가는 이유는 딴 데 있다. 힌두교 사원 근처에는 죽음을 기다리는 사람들이 모여 사는 일종의 요양소가 있는 경우가 많다. 화장터에서 그들보다 앞서 세상을 떠나는 사람들을 보면서 자신의 죽음을 기다리는 곳이다. 그런데 보통 그런 요양소와 담을 맞대고 있는 곳에 아이들이 다니는 학교가 있다. 삶의 희망으로 넘치는, 아직 피어나지도 않은 꽃잎 같은 생명들이 다니는 학교가 죽음을 기다리는 사람들이 기거하는 요양소와 버젓이 공존하는 것이다. 그들은 늘 같이 있었고 모순 없이 어울렸다. 느린 눈길로 늦은 오후의 햇살을 바라보며 앉아 있는 노인들 앞에 젊은 학생들이 스스럼없이 다가가고 있는 것이었다. 삶과 죽음이 하나인 듯 흘러가는 일상적 시간의 풍경이었다. 나는 그 모습이 늘 그리웠고 기회가 될 때마다 그런 곳을 찾아가 한나절씩 멍하니 앉아서 그들의 타임라인에 몸을 싣는 사치를 누려 보곤 했다. 나의 죽음 목격기는 이렇듯 시시하기 그지없고, 죽은 사람을 직접 본 경험은 이것이 전부다.

'죽음'을 절실하게 느꼈던 것은 죽은 사람을 직접 목격했을 때가 아니었다. 오히려 산 사람의 모습에서 죽음의 짙은 그림자를 보았을 때였다. 거칠게 마구 내지르듯 토해 내던 가수 김현식의 노래를 직접 들으면서 이런 생각을 했다. '아! 저 사람은 지금 죽으려나 보다.' 세상에 대고 아무렇게나 질러 대던 그의 노래는 살려 달라는 애원 같았고 한편으로는 이제 다 살았으니 시원섭섭하다는 체념같이 느껴졌다. 남은 시간 동안 모든 것을 토하고 가려고 용을 쓰는 것 같았다. 그래서 그의 노래는 그가 아무리 앙탈을 부려도 천박하지도 어색하지도 않았다.

중학교 때부터 친한 친구가 있었다. 고등학교 때는 같이 의기투합해 문학 동인회를 만들어서 멋을 부리고 다니기도 했다. 나중에는 배를 타는 기관사가 된 그 녀석은 헤어짐에 익숙했다. 잠깐의 상륙 후에 다시 배로 돌아갈 때면 우리는 늘 아쉬워했지만, 정작 그는 인사도 변변하게 하지 않는 이별을 즐겼다. 그러다가 한참 동안 소식이 끊어졌는데, 종교에 빠져서 돈을 갖다 바치느라 사기를 치고 다닌다는 소문도 들리곤 했다. 연락하려고 수소문을 했지만 찾을 수가 없었다. 미국에서 열렸던 한 학회에 갔다가 우연히 그의 소식을 듣게 되었다. 내가 묵고 있던 호텔에 마침 그 친구 부인의 대학 동창생이 투숙한 것이었다. 이런저런 이야기 끝에 소식을 물었는데, 몇 년 전에 간암으로 죽었다고 했다. 끝끝내 작별 인사 같은 것은 하지 않고 "어제 만난 것처럼 다시 만나고, 내일 또 만날 것처럼 헤어지자."는 말만 되풀이하던 모습이 떠올랐다. 돌이켜 생각해 보면 녀석은 늘 죽음의 그림자를 입고 살았던 것 같다. 그래서 작별을 애써 외면했던 것이리라. 녀석이 떠나지 않은 만큼 우리도 아직 그를 보내지 못하고 있다. 남은 친구들끼리 논쟁이 벌어졌지만, 그의 평소 태도에 맞춰 작별을 유보하자는 의견이 모였다. 그의 유족을 찾지도, 무덤을 찾지도 않기로 했고 지금까지 그렇게 시간이 흘러 왔다. 그런데 요즘 부쩍 녀석이 그리워진다.

같은 아마추어 천문 동아리에서 활동하던 누나가 있었다. 부끄럼을 많이 타는 성격이었던 나는 그 누나가 무척 마음에 들었지만, 마음을 표현한 적은 없었다. 늘 주변을 맴돌기는 했지만 그 누나는 다른 친구들의 차지였다. 평소에는 차분하게 이야기하다가도 가끔 히스테리를 부리기도 했던 기억이 난다. 사실 나는 살짝 흥분 상태에 있던 누나의 모습에 매력을 느꼈다. 그런 상황에서는 이유를 불문하고 슬쩍 그 누나 편에 서곤 했다. 마음을 다스리려고 별을 바라보던 누나 곁에서 말없이 담배를 태우곤 했다. 말도 하지 않은 채 별만 바라보는 시간이 대부분이었지만 가끔씩 내게 이런 말을 툭 던지곤 했다. "너는 왜 별을 보니? 담배 피우면서 별 보면 더 좋아?" 비슷한 상황에서 같은 말을 되풀이해서 들으면서도 나는 그 자체가 마냥 좋았다. 그러면서도 그녀가 곧 떠날 것 같은 불안한 예감에 애를 태웠다. 어느 날 누나가 기차에 몸을 던져 자살했다는 소식이 전해졌다. 나는 그냥 또 울컥했고 가슴이 미어져 왔지만 결국 올 것이 왔다는 생각도 같이 들었다. 그제야 늘 그 누나를 감싸고 있었던 외로움의 외투가 보이는 것 같았다.

돌이켜 생각해 보면 나는 아주 어렸을 때부터 죽음에 대한 생각이 많았던 것 같다. 어쩌면 '죽음'이라는 단어보다는 '사라짐'이란 단어가 더 어울릴 것 같다. 죽으면 어떻게 될까, 뭐가 남을까, 그냥 사라져 버리는 걸까, 이런 생각들이 어린 마음속으로 쓰나미처럼 몰려들곤 했었다. 그럴 때면 흐르는 눈물을 막을 수도 없었고 막막함과 답답함과 두려움에 터질 것만 같은 가슴을 붙잡고 있기조차 아찔했다. 딴생각을 하려고 안간힘을 써 보기도 하고, 달리 어떻게 해 볼 도리가 없어서 그냥 하늘을 올려다보기도 했다. 초등학교 저학년 때의 어느 여름날이었다. 마루에 커다란 모기장을 쳐 놓고 온 가족이 그 속에 들어가서 같이 잠을 잤다. 모기도 피하고 더위도 피하려는 것이었다. 그날도 나는 '사라짐'에 대한 두려움으로 잠을 이루지 못하고 있었다. 눈물도 났지만 애써 숨겼다. 우리는 죽으면 어떻게 되느냐고 엄마한테 조심스럽게 물었다. 당혹스럽고 걱정스러웠던지 엄마는 내 이마를 먼저 만져 보셨다. 열이 없다는 것을 확인하고 나서는 우리가 죽어도 영혼은 사라지지 않고 남는데 그때 또 다시 만나면 되니까 걱정할 것 없다는 이야기를 하셨던 것 같다. 다시 만나자는 약속도 하고 다짐도 했다. 그러나 가슴은 계속 진정되지 않았고 정말 믿고 싶었지만 그 말을 믿을 수 없었다. 어린 마음에도 엄마의 대답이 슬프게 느껴졌고 아마 그때 엄마 아빠도 죽을 수 있다는 사실을 처음 실감했던 것 같다. 그날 이후 나는 다소 마음을 가다듬을 수 있었는데, 지금 생각해 보면 일종의 체념 단계로 넘어간 것 같다. 죽음이라는 벽을 결코 넘을 수 없다는 것을 인정할 수밖에 없다는 현실적인 인식이 마음속에 자리하기 시작했던 것이다. 그즈음 내가 아끼던 UFO 그림 한 장을 눈에 보이지 않는 곳에 치워 버렸다. 어린이 잡지에 실린 UFO 그림을 오려 그 위에 내가 이것저것 메모도 하고 그림도 그려 놓았던 보물이었다. 죽지 않고 영원히 사는 세상을 그림 속에 건설하고 있었는데 말이다.

불교에 심취하셨던 할머니를 따라서 절에 갈 기회가 많았다. 지금이야 아주 좋아하지만, 그때는 향냄새가 너무 싫었고 절 밥도 정말 맛이 없었다. 하지만 선택의 여지가 없었다. 할머니가 스님들과 일을 보시는 동안 법당에 홀로 남겨지는 때가 종종 있었다. 나는 금색 부처님 뒤로 가서 뭐가 있는지도 살펴보고 작은 목소리로 움직여 보시라고 주문도 해 보곤 했다. 죽음의 문제를 극복할 수 있는 길이 이 길은 아니라는 막연한 생각이 들었다. 동네 교회에도 몇 번 갔다. 보통 아이들처럼 크리스마스 때 친구들과 몰려가기도 했고 동네 형들의 강압에 못 이겨서 일요일 아침에 졸린 눈을 한 채 끌려가기도 했다. 교회에서 비상식적인 믿음 속에서 이루어지는 행위도 심정적으로 받아들이기 힘들었지만, 맹목적인 강요를 하는 탐욕적인 목사님의 행태는 정말 참기 힘들었다. 유일한 위안은 별을 보는 것이었다. 단층 슬래브 집에 살았는데 맑은 날이면 옥상에 올라가서 별을 바라보곤 했다. 그 별들 속에 파묻히면서 죽음에 대한 두려움은 조금씩 잦아들었고 체념의 기술을 배우게 되었다. 내가 천문학 공부를 하게 된 것도 죽음에 대한 두려움과 호기심의 발로였을지도 모른다. 미지의 세계에 대한 탐구를 통해 가장 그럴듯하고 정직한 답을 내놓는 것이 천문학이니까.

죽음에 대한 나의 사적인 경험은 일단 여기서 멈춘다. 이런 모든 경험과 사색이 죽음이라는 미지의 세계에 대한 나의 태도를 형성했을 것이다. 그런 경험 속에서 나는 왜 종교와 같은 맹목적인 믿음 체계보다는 천문학을 통해 미지를 탐구하는 태도를 갖게 되었는지는 진화 심리학자들에게 물어보고 싶은 대목이다. 이는 결국 믿음의 엔진에 대한 생물학적인 문제로 귀결될 것이다. 어쨌든 나는 늘 죽음을 먼저 생각하는 버릇이 생겼다. 왜냐하면 그것은 한 인간에게 모든 것의 끝이니까 그 끝을 시작점으로 하루하루를 살아가야 하기 때문이다. 언제 죽음이 닥쳐올지는 알 수 없으니 내겐 하루하루가 삶의 마지막 날이 되는 셈이다. 그러니 세상 모든 것과 그 모든 디테일이 슬프지만 아름다울 수밖에 없다. 모든 것은 죽음으로 소멸하는 모래 그림 같은 미완성품이므로 결과가 아니라 행위의 과정을 소중히 하는 태도가 생겼다. 그래서 하루가 시작되면 모든 것이 새롭고 절박하며 그러니 미래나 과거가 아닌 오늘 이 순간을 행복하게 잘 살아야겠다는 생각에 이르게 되었다. 그러려면 다른 사람들과 유한한 시간을 나누어 가져야 하고 서로 도와서 이 천금 같은 현재를 만끽해야겠다는 생각을 하게 되었다. 죽음이라는 미지의 세계를 두려움으로 담보하여 종교 같은 것을 끌어들이기에는 인생이 너무나 짧고 절실하다. 죽음으로부터 시작해서 세상을 바라보는 나의 시차적 관점이 역설적으로 가장 현실적으로 유한한 삶에 애절하게 매달려 살아가게 하는 동력이 되었다. 결국 죽음도 산 자의 몫이고 나의 죽음에 대한 태도도 하루를 잘 살아가기 위한 삶의 태도였던 것이다. 여기서 죽음에 대한 나의 사적인 태도 이야기는 일단 멈춰야겠다. 대신 이 글을 끝맺기 전에 언젠가 드디어 죽음을 맞이했을 때 박정만 시인의 종시를 읊조릴 수 있을 정도의 의식은 갖고 있으면 좋겠다는 작고도 큰 소망을 내가 간직하고 있다는 사실을 고백해야만 할 것 같다. '나는 사라진다, 저 광활한 우주 속으로.'

이명현 | 세티 코리아 조직 위원회 사무국장

서울에서 태어나 네덜란드 흐로닝언 대학교 천문학과에서 박사 학위를 받았다. 2009 세계 천문의 해 한국 조직 위원회 문화 분과 위원장으로 활동했고 한국형 외계 지적 생명체 탐색 (SETI KOREA) 프로젝트를 맡아서 진행하고 있다. 현재 세티 코리아 조직 위원회 사무국장 으로 있다.

2부
우주

우주여행의 한계

채연석 | 전 한국 항공 우주 연구원장

2013년 12월, 우리 이웃인 중국은 달에 '위투(玉兎, 옥토끼)'라는 이름의 무인 달 자동차를 성공적으로 보내 전 세계의 이목을 집중시켰다. 미국에서는 2014년부터 6인승 민간 우주선 스페이스쉽 2(Spaceship 2)를 발사하여 상업 우주여행을 시작할 계획이어서 많은 사람들이 우주여행에 더한층 관심을 갖게 되었다. 러시아 로켓의 선구자 콘스탄틴 치올콥스키(Konstantin Tsiolkovsky)는 "지구의 환경이 나빠지면 다른 은하로 이주해서 살아야 하기 때문에 인류에게는 우주여행에 관한 연구가 필요하다."라고 1920년경 주장하였다. 천체 물리학자 스티븐 호킹(Stephen Hawking)도 2010년 8월 한 인터넷 강연에서 "인구와 지구의 유한한 자원 사용은 기하급수적으로 증가하고 있기 때문에 다음 100년 안에 인류가 전멸하는 재앙을 피하기 어려우며, 유일한 해결책은 우주로의 진출이다."라고 주장하였다. 즉 우주를 여행해서 다른 곳으로 옮겨 가야 한다는 것이다. 인류는 그동안 과학 기술을 많이 발전시켜서 우주를 여행하고 있다. 현재까지 인류가 가장 멀리 우주를 여행한 기록은 일주일에 걸쳐 아폴로(Apollo) 우주선을 타고 달에 갔다 온 것이다. 미국과 세계 여러 나라는 힘을 모아 달에 영구 기지를 건설하고 그곳에서 생활할 계획을 세우고 있고, 2035년까지는 화성에도 갔다 올 계획이라고 한다. 과연 인류의 우주여행은 어디까지 가능할지, 생각해 보자.

1. 우주여행의 시작

인류의 우주여행은 우주에 인공위성(satellite)이나 우주 탐사선(spacecraft)을 보내면서 가능해졌다. 첫 인공위성은 1957년 10월 4일 구소련이 발사한 스푸트니크 1호(Sputnik 1)이다. 구소련은 왜 인공위성을 발사했을까? 국제 연합(United nations, UN)은 1957년 7월 1일부터 1958년 12월 31일까지를 국제 지구 관측의 해(International geophysical year)로 정했다. 인류가 그동안 수백만 년을 살아왔지만, 정작 자신이 태어난 장소에 대해서 모르는 것이 너무나 많았기 때문에 이 지구를 잘 조사하고 관측하기 위해서였다. 지구를 둘러싸고 있는 대기와 우주를 관찰하기 위해서는 지구 궤도에 인공위성을 발사하는 것이 효과적이기 때문에 미국은 이 시기에 인공위성 발사 계획을 발표하였다. 그러나 인공위성을 우주에 처음으로 쏘아 올린 나라는 앞서 말했다시피 첫 인공위성 발사가 세계에 미칠 엄청난 정치적 파장을 생각한 구소련이었다. 이것은 미국과 구소련 간의 우주 개발 경쟁으로 이어졌고, 유인 우주 비행이 시작되는 원인이 되었다. 첫 인공위성을 발사하고 채 4년도 되기 전인 1961년 4월, 구소련은 유리 가가린(Yuri Gagarin)을 우주선 보스토크 1호(spacecraft Vostok 1)에 태워 지구를 한 바퀴 돌게 함으로써 상상으로만 여겨졌던 우주여행을 드디어 현실로 만들었다.

2. 우주 탐사의 결과

지난 57년 동안 전 세계에서 우주나 행성으로 발사한 인공위성과 탐사선은 6,000여 개 이상이다. 이 중에는 지구를 관측하기 위해서 발사한 인공위성이 가장 많다. 달 탐사를 위해 수십 개의 무인 탐사선이 발사되었지만, 아폴로 11호를 비롯한 유인 우주선도 6차례나 달에 다녀왔다. 태양에도 많은 탐사선을 보냈지만 수성, 금성, 화성, 목성, 토성, 해왕성, 천왕성 같은 태양계 행성에도 많은 탐사선이 방문하였다. 금성과 화성, 그리고 목성의 제일 큰 달인 타이탄에는 무인 탐사선이 착륙하여 토양과 대기를 분석하고 관측하기도 하였다. 최근에는 일본의 소행성 탐사선 하야부사(asteroid probe Hayabusa)가 소행성 이토카와(Itokawa) 표면에 착륙하여 샘플을 채취하여 지구로 갖고 오기도 하였다. 미국의 행성 탐사선 뉴 호라이즌스(New horizons)가 2015년 태양계 최변방에 있는 왜행성 134340(옛날의 명왕성)을 찾아가면 태양계에 속한 거의 모든 행성을 탐사하는 셈이다.

지구를 포함한 우주와 태양계를 대상으로 이뤄진 많은 조사와 연구의 결과는 무엇일까? 지금까지의 조사와 연구에 의하면 '지구는 생명체를 생존시킬 수 있는 위대한 행성'이라는 것이다. 어느 행성에서 생명체가 한순간이 아니라 수백만 년을 계속해서 생존하게 하기 위해서는 무척 많은 조건을 만족하여야 한다. 대표적인 몇 가지 생존 조건은 다음과 같다.

3. 생명체의 생존 조건

적당한 물과 산소, 그리고 온도

지구의 또 다른 이름이 '물의 별'일 정도로 지구에는 태양계 다른 행성과 비교해 물이 풍부하다. 물은 바다에 저장되어 있다가 증발되어 하늘로 올라가 대기권에서 바람과 함께 이동하다가 비가 되어 다시 육지와 바다로 내려오는 순환을 계속하며 동물과 식물, 그리고 어류에게 수분을 공급한다. 생명체의 구성 성분 중 물이 70퍼센트 이상을 차지하니 물이 없으면 생명의 유지는 불가능하다.

지구는 생명에 필요한 산소, 질소 가스를 만들어 낸다. 그리고 산소가 탄소와 결합한 이산화탄소(CO_2)는 숲에서 식물에 의해 정화되어 동식물에 끊임없이 공급된다.

태양에서 가까운 수성의 평균 온도는 섭씨 300도, 금성은 섭씨 460도, 지구에서 제일 가까운 달은 최고 온도가 123도이며 최저 온도가 섭씨 영하 233도로 평균 온도는 영하 110도이다. 화성은 영하 40도 정도이다. 수성과 금성은 너무 뜨거워서 생명체가 살 수 없는 반면에 달과 화성은 추워서 생명체가 살기 쉽지 않은 곳이다. 섭씨 15도라는, 생명에 알맞은 지구의 연평균 온도에는 지구에 열을 공급하는 태양과의 거리가 중요한 몫을 했다. 행성이 태양을 돌면서 만드는 궤도는 대부분 타원이며, 이때 태양에서 가장 멀리 떨어진 거리와 가장 가까운 거리의 비를 이심률이라 한다. 이심률이 작을수록 행성의 궤도가 원에 가까워지는데 지구는 0.0167이며 화성은 0.0934, 수성은 0.26, 금성은 0.006이다. 화성은 이심률이 지구보다 5배 정도 크다. 즉, 태양과의 거리 차이가 크며 따라서 표면 온도도 차이가 무척

클 수밖에 없다.

대기권

산소, 질소, 탄소 등 생명체에 필요한 원소들이 알맞게 포함된 지구의 공기는 중력의 영향으로 대부분 지표면 근처에 모여 있으며 대기권과 우주의 경계선은 지상 100킬로미터이다. 공기는 생명체에 산소를 비롯한 각종 원소를 공급하고 물, 지표와 함께 태양에서 오는 열을 보존하는 중요한 역할을 한다. 공기가 없는 달에서 밤의 온도는 영하 233도까지 떨어진다. 그러나 대기가 있는 지구에서는 해가 져도 온도가 곧바로 떨어지지 않고 다시 해가 뜨기 직전인 새벽에 가장 낮은 온도가 되며, 최저 온도도 생명체가 사는 지역에서는 생명을 유지할 수 있는 정도로는 유지된다. 대기는 지역의 온도 차에 의해서 대류 현상을 일으키며 이로 인해 지표면을 이동하는 바람이 생긴다. 대기의 이동은 비구름을 움직여 넓은 지역에 비를 내리게 해 생명체가 넓게 퍼져 균형을 이루어 살 수 있도록 해 주며, 온도도 조절해 준다. 또한 대기권은 태양에서 방출되는 생명체에 해로운 방사선을 흡수하고 지구로 떨어지는 소행성이나 별똥별 등도 그 안에서 대부분 불태워 생명체를 보호한다.

자기권

태양으로부터 날아오는 빛은 생명체에게 에너지를 공급하고 동물과 어류, 그리고 곤충이 사냥을 하는 데 길잡이가 되어 준다. 그러나 태양에서는 많은 양의 강력한 방사선도 함께 방출되고 있어서 만일 이 방사선이 지구 표면에 직접 닿는다면 생명체는 멸종하고 말 것이다. 그러나 지구에는 다행히 자기권이 형성되어 있다. 이 자기권은 태양으로부터 태양풍을 타고 날아오는 우주 방사선(space ray)이 지구에서 2,000킬로미터 이상 떨어진 곳에 머물게 하여 큰 방사선 띠를 만들어 놓았다. 이 방사선 띠가 태양에서 날아오는 대량의 태양풍을 지구를 돌아서 지나가게 하여 지구의 생명체를 보호하고 있는 것이다. 한편 자기권은 어류와 조류의 이동에 길잡이 역할을 하여 철새들이 계절에 따라 추위를 피해 정확하게 남북을 이동할 수 있도록 해 준다.

달

지구에는 직경 3,476킬로미터 크기의 위성, 달(moon)이 하나 있다. 달은 지구에 어떤 역할을 할까? 연구에 의하면 지구는 달 때문에 자전축이 23.5도 살짝 기울어져 적도를 중심으로 남북이 균등하게 태양열을 받는다. 이는 생존에 알맞은 섭씨 15도를 유지해 주는 중요한 요인이다. 자전축이 23.5도 기울어졌기에 인류가 가장 많이 사는 중위도 지방에 사계절이 있는 것이다. 만일 자전축이 23.5도 기울어져 있지 않다면, 적도 지방은 지금보다 훨씬 뜨겁고 두 극지방은 지금보다 훨씬 추워서 생명체가 살지 못했을 것이다. 달은 또한 지구의 자전에 브레이크 역할을 해 지금처럼 생명체가 생존하는 데 필요한 휴식을 밤에 취할 수 있도록 자전 속도를 늦추었다. 과학자들의 계산에 따르면 달이 없을 때 지구의 하루는 6시간 정도로, 지금보다 18시간 짧다. 3시간 정도의 밤은 충분한 휴식이 되지 못했을 것이다. 아니면 금성이나 수성처럼 수백 일 동안은 낮, 수백 일 동안은 밤이 되었을 가능성도 있다. 달이 지구의 자전 속도를 조절하여 생명체가 생존하는 데 알맞은 속도를 만들어 주고 있는 것이다.

먹이 사슬

지구에서 살아가는 생명체는 미생물에서 인류에 이르기까지 150만 종 이상이다. 이렇게 많은 생명체가 오랫동안 지구에서 생존할 수 있는 것은, 생물 종마다 독특한 번식 방법으로 계속해서 번식할 수 있는 능력을 갖추고 있기 때문이다. 또한 다양한 생명체가 오랫동안 지구상에서 생존하고 있는 것은 서로가 먹이 사슬의 한 고리가 되어 조화롭게 살아가고 있기 때문이다.

4. 인공 지구

미국 애리조나 주 투손(Tucson) 시 북쪽에 위치한 산타카타리나 (Santa catalina) 산 해발 1,200미터의 고지에는 유리로 만들어진 온실 '바이오스피어 2(Biosphere 2)'가 있다. 이 인공 지구는 외부와 단절되어 있으며 1만 2700제곱미터(4,000평)의 넓이에 지구를 축소해 놓은 호수와 사막, 그리고 산을 만들어 3,800여 종의 생명체를 함께 두었다. 인공 지구의 생태계를 연구하기 위해 8명이 이곳에서 생활했는데 결국은 이산화탄소의 양이 계속 증가하여 2년 만에 포기하고 말았다. 이렇듯 생명체의 생존 환경은 아주 복잡하고 어렵다. 지구의 이웃인 화성도 지구와 닮은 점이 많지만, 생명체가 생존하기는 불가능한 환경이다.

5. 우주여행이 가능한 곳

관측에 의하면 우주에는 우리 은하와 같은 은하계가 1000억 개 정도 있고, 각각의 은하계에는 태양과 같은 항성이 2000억 개 이상 있다고 한다. 따라서 우주에는 무수히 많은 행성이 있고 그 행성 중 어디엔가 지구와 같이 생명체가 존재하는 행성이 있을 가능성은 있다. 그렇지만 또 다른 은하계나 태양계에서 지구와 같이 완벽하게 생명체가 몇 만 년씩 생존할 수 있는 행성을 찾는 작업은 쉽지 않으며, 이를 확인하기란 더더욱 불가능할 것으로 보인다. 예를 들어 태양계에서 가장 가까운 프록시마 센타우리(proxima centauri) 항성 근처에서 찾는다 해도 문제는 많다. 왜냐하면 현재의 로켓 기술로는 그곳에 가는 데만도 5만 년이나 걸리기 때문이다. 로켓 기술이 비약적으로 발전하여 지금보다 100배나 더 빨리 갈 수 있는 로켓이 개발되더라도, 갔다 오는 데 이미 1,000년이 걸린다. 이러한 사정을 종합하면 인류가 실제로 탐사선을 타고 갔다가 지구로 되돌아올 수 있는 곳은 태양계의 달과 화성, 그리고 화성과 목성 사이를 돌고 있는 수천 개의 소행성 정도일 것이다. 그러나 그곳도 우리가 오랫동안 살 수 있는 환경은 아니기 때문에 몇 달이나 몇 년 정도만 머물게 될 것이다. 이러한 여행은 미래에 꼭 필요하다. 우라늄과 같이 인류에게 꼭 필요하지만 점차 고갈되고 있는 자원들이 만일 달이나 화성, 소행성 같은 곳에 있다면 지구로 가져와 사용하는 것이 인류의 생존에 아주 중요하기 때문이다.

인류를 비롯한 생명체가 편안히 삶을 살아갈 수 있는 곳은 아직 지구뿐이며 다른 곳으로 갈 수 없는 것이 현실이다. 우주 탐사를 통해서 우리는 지구가 인류와 생명체가 생존할 수 있는 유일한 공간이며, 후손들이 계속해서 지구에 생존할 수 있도록 환경을 잘 보존하는 것이 중요하다는 사실을 알게 된다.

채연석 | 전 한국 항공 우주 연구원장

1951년 충청북도 충주에서 태어났다. 1987년 미국 미시시피 주립 대학교에서 공학 박사 학위를 받았으며, 1989년 한국 항공 우주 연구소가 창설됨에 따라 우주 추진 기관 연구 그룹장 등으로 활동하면서 과학 관측 로켓 KSR-I, KSR-II, KSR-III의 개발에 중추적인 기둥 역할을 했다. 특히 국내 최초의 액체 추진제 KSR-III를 100퍼센트 우리 기술로 만드는 데 핵심적인 역할을 수행했다. 대학 재학 중 신기전을 연구하여 1975년 역사학회에서 첫 발표를 하였고, 1993년 대전 엑스포에서 중·소 신기전을 복원했으며, 영화 「신기전」에서는 신기전 복원 자문 역할을 했다. 2002년부터 2005년까지 6대 한국 항공 우주 연구원 원장으로 재임하며 나로 우주 센터 건설과 나로호 우주 로켓 개발을 지휘했으며, 현재 한국 과학 기술 연합 대학원 대학교(UST) 교수 겸 홍보 대사, 명예 충청북도 지사로 활동 중이다.

외계 생명체의
지구 침공은 가능할까?

이강환 | 국립 과천 과학관 연구사

UFO와 관련된 이야기는 항상 많은 사람들의 관심을 끈다. UFO는 이름 그대로 확인되지 않은 비행 물체를 말하지만, UFO라고 하면 많은 사람이 외계 생명체를 떠올린다. 실제로 미국인의 36퍼센트 정도가 UFO를 외계 생명체의 탈것으로 생각한다고 한다. 1898년 허버트 조지 웰즈(Herbert George Wells)가 『우주 전쟁(*The War of the Worlds*)』을 발표한 이래 외계 생명체의 지구 침공은 SF 소설과 영화에서 가장 인기 있는 소재가 되었다. 『우주 전쟁』의 외계인은 화성에서 온다. 우수한 무기를 가진 화성인에게 지구는 철저하게 파괴되지만, 결국 그들은 지구의 세균에 감염되어 전멸하고 만다. 화성에 지적 생명체가 존재하지 않는다는 사실은 이제 탐사를 통해 밝혀졌다. 설령 생명체가 존재하더라도 지구 세균을 대비하지 못하는 수준이라면 한번 맞서 싸워 볼 만하다. 하지만 이보다 훨씬 더 우수한 지능의 생명체가 정말로 지구를 침공한다면 어떻게 될까? 거대한 우주선을 타고 온 외계 생명체가 지구를 초토화하는 영화 같은 일이 현실에서도 가능할까?

최근 유명한 천체 물리학자 스티븐 호킹이 외계 생명체는 분명히 있다고 주장하여 화제가 된 바 있다. 그는 우주에 너무나 많은 별이 존재한다는 사실을 근거로 삼았다. 태양계가 속한 우리 은하에는 태양과 같이 스스로 빛을 내는 항성이 약 1000억 개 있다. 1초에 하나씩 세도 3,200년이 걸리는 숫자다. 그리고 우주에는 우리 은하와 같은 은하가 또 1000억 개 있다. 1000억 곱하기 1000억 개의 별들에 딸린 지구형 행성의 숫자까지 고려하면 생명체가 지구에만 존재한다는 믿음은 너무나 불합리하다는 것이다. 사실 이것은 새로운 주장이 아니다. 고인이 된 칼 세이건(Carl Sagan)도 1985년 자신의 소설 『콘택트(Contact)』에서 "이 우주에서 지구에만 생명체가 존재한다면 엄청난 공간의 낭비다.(If we are alone in the Universe, it sure seems like an awful waste of space.)"라고 이야기한 바 있다.

우주에는 엄청나게 많은 별이 있기 때문에 지구 이외에도 생명체가 존재할 가능성이 매우 높지만, 간과해선 안 되는 것은 우주 공간도 어마어마하게 넓다는 사실이다. 태양계를 약 100만 분의 1 스케일로 축소한다면 태양은 지름 14센티미터의 구가 된다. 지구의 크기는 1.2밀리미터로 볼펜 심 정도이며, 태양에서 지구까지의 거리는 15미터이다. 이 스케일로 태양에서 가장 가까운 별까지의 거리는 4,000킬로미터 정도가 된다. 우주는 지름 14센티미터의 구가 약 4,000킬로미터 간격으로 놓여 있는 텅 빈 공간인 것이다. 우주여행을 할 수 있는 능력을 갖춘 지적 생명체가 어딘가에 존재하더라도 이 넓은 공간을 마음대로 이동하기란 쉬운 일이 아닐 것이다.

지금까지 인간이 발을 디딘 지구 밖 천체로는 달이 유일하다. 지구에서 달까지의 거리는 약 38만 킬로미터인데, 태양의 반지름이 약

70만 킬로미터이므로 인간은 아직 태양의 절반도 나아가지 못한 셈이다. 이제 인간은 화성 방문을 목표로 하고 있다. 미국을 중심으로 한 국제 우주 탐사 협력 그룹(ISECG)은 2030년대 중반까지 화성에 유인 탐사선을 보낼 계획을 세웠고, 여기에는 우리나라도 참여할 예정이다. 앞으로 20년이나 더 준비해야 할 만큼 화성 유인 탐사는 쉬운 일이 아니다. 지구에서 화성까지는 가장 가까울 때도 달까지의 거리의 150배가 넘는다. 현재 우리 기술로는 가는 데만도 4개월 이상이 걸린다. 더구나 지구와 달의 거리는 거의 일정하기에 언제라도 돌아올 수 있지만, 화성은 지구와 마찬가지로 태양 주위를 공전하기 때문에 돌아오려면 화성이 지구와 가까워질 때까지 기다려야 한다. 이 주기는 약 26개월이기 때문에 화성에 착륙한 우주인은 2년 이상을 화성에 머물면서 기다린 다음 다시 4개월 이상을 여행하여 지구로 돌아와야 한다.

1977년 지구를 떠난 보이저(Voyager) 1호는 발사 후 35년이 지나서야 겨우 태양계를 벗어나고 있다. 초속 20킬로미터로 움직이는 우주선이 명왕성까지 가는 데 약 10년이 걸리고, 태양에서 가장 가까운 별인 프록시마 센타우리까지는 약 6만 년이 걸린다. 과학이 발달하여 반물질을 연료로 쓸 수 있다면 우주선을 빛의 속도에 가깝게 가속할 수 있을 것이다. 하지만 우주선을 빛의 속도에 가깝게 가속하려면 지구 중력 가속도의 10배로 가속하더라도 한 달 이상이 걸리고 우주선보다 연료의 질량이 10배 이상 많아야 한다.

태양계에서 지구 이외에는 지적 생명체가 존재하지 않는 것은 확실하므로, 지구를 방문하는 외계 생명체는 적어도 프록시마 센타우리 또는 그보다 더 먼 곳에서 와야만 한다. 빛의 속도로 날아간다 해도 프록시마 센타우리까지만 4년 이상 걸리고 이보다 더 먼 곳이라면 빛의 속도로 수십 년에서 수백 년이 걸리는 곳이라고 보아야 한다.

이렇게 먼 거리의 우주여행을 하기 위해서는 어떤 과학 기술이 필요할까? 상대성 이론에 따르면 어떤 물체도 빛의 속도로 가속할 수 없다. 하지만 우주의 어마어마한 거리에 구애받지 않고 여행하려면 빛의 속도보다 빠르게 이동할 수 있어야 할 것이다. 상대성 이론은 우주선의 최고 속도를 광속으로 제한하지만, 빛의 속도보다 빠르게 여행할 수 있는 또 다른 가능성을 열어 두고 있다.

일반 상대성 이론에 따르면 공간은 수축과 팽창을 할 수 있고, 이것은 빛의 속도보다 빠르게 일어날 수 있다. 만일 우주선 뒤쪽 공간을 팽창시키면서 동시에 앞쪽 공간을 수축시킨다면 우주선은 빛의 속도보다 더 빠르게 이동할 것이다. 워프 드라이브(warp drive)라고 알려진 이 방법은 SF 영화에서 즐겨 사용하는 방법이다. 하지만 실제의 워프 드라이브는 우주선 안에서 버튼을 눌러서 할 수 있는 것이 아니다. 우주선 안은 바깥과 단절되어 있기 때문에, 공간의 수축과 팽창을 이용하는 비행은 미리 준비된 휘어진 시공간을 따라서만 가능하다.

일반 상대성 이론은 공간의 수축과 팽창을 넘어 공간에 구멍을 낼 수도 있다. 빛의 속도보다 빠르게 이동하는 또 하나의 방법은 바로 우주에 난 구멍인 블랙홀(black hole)로 들어가 웜홀(wormhole)을 통과하는 것이다. 블랙홀과 웜홀을 마음대로 이용할 수만 있다면 아무리 먼 우주라도 순식간에 이동할 수 있다.

하지만 공간을 수축, 팽창시키거나 인공 블랙홀과 웜홀을 만들어 우주여행을 하려면 어마어마한 에너지를 다룰 수 있어야 한다. 예를 들어 지름 1미터의 웜홀을 만들기 위해서는 목성 질량만큼의 '음의 에너지'가 필요하다. 목성 질량만큼의 양의 에너지를 인류가 다룰 수 있는 날이 언제쯤일지도 예상하기 힘든데, 그만큼의 '음의 에너지'를 이용할 수 있는 날이 과연 올 것인지는 우리 상상 밖의 일이다.

우주에 지적 생명체가 존재한다면 그들의 문명 발달 수준이 어느 정도일지 알 방법은 없지만, 확률적으로 추론할 수는 있다. 우리 은하에 문명을 건설할 수 있는 지적 생명체가 얼마나 존재할지는 아무도 모르기 때문에 일단 가정으로 시작해 보자. 우리 은하에는 약 1000억 개의 별이 있다. 이 중 100만 분의 1의 확률(로또 복권 1등 당첨보다 높은 확률)로 지적 생명체가 존재한다고 가정하면 우리 은하에서 지적 생명체를 가진 별은 약 10만 개가 된다.

우주의 나이는 137억 년이다. 우주가 탄생했을 때에는 수소, 헬륨, 소량의 리튬밖에 없었기 때문에 생명체가 태어나려면 우선 생명체의 원료가 되는 원소들이 별에서 만들어지는 시간이 필요하다. 태어난 생명체가 진화를 거쳐 문명을 건설할 수준이 되려면 더 많은 시간이 필요할 것이다. 지구가 만들어진 후 지적 생명체인 인간이 나타나기까지는 약 45억 년의 시간이 걸렸다. 최초의 지적 생명체가 나타나는 데 걸린 시간이 얼마인지는 아무도 모르지만, 우주의 나이를 고려한다면 지금부터 50억 년 전 정도에는 충분히 나타날 수 있다고 보는 것은 합리적인 가정일 것이다.

이 두 가정을 받아들인다면 우리 은하에 있는 지적 생명체의 문명 발달 수준을 추정할 수 있다. 약 50억 년 전부터 나타나기 시작한 지적 생명체가 특정 시기에 동시에 나타날 이유는 없다. 앞선 가정에서 지적 생명체를 품은 별이 10만 개 있다면 지적 생명체들은 '50억 년 동안 무작위로 나타날 것이다. 그렇다면 우리 은하에서 지적 생명체는 약 5만 년 간격으로 등장한다는 결론에 이르게 된다. 인간의 등장은 불과 1만 년도 되지 않기 때문에, 우리보다 바로 앞 지적 생명체는 5만 년이나 앞서 등장했다는 이야기다. 그리고 우리보다 늦게 어딘가에서 지적 생명체가 나타난다면 그것도 5만 년 후가 된다. 지적 생명체의 존재 확률을 다르게 추정하더라도 결론은 크게 달라지지 않는다. 만일 외계 지적 생명체의 존재 확률이 100만 분의 1이 아니라 1000만 분의 1이라면 간격은 무려 50만 년이 되고, 확률이 10배 더 높아서 10만 분의 1이라 하더라도 간격은 5,000년이 된다. 결국 우리 은하에 지구 이외에 지적 생명체가 존재한다면 그들은 우리보다 최소한 수천 년 이상 앞선 문명을 가지고 있다는 결론이다.

만일 어떤 외계 생명체가 지구를 방문한다면 이들의 과학 기술은 공간의 수축과 팽창을 마음대로 할 수 있거나, 인공 블랙홀과 웜홀을 만들 수 있는 수준이어야 한다. 인간의 과학 기술이 얼마나 발전해야 이런 수준에 이를지는 상상하기도 어렵다. 우리 이외의 지적 생명체는 확률적으로 우리보다 최소 수천 년에서 수만 년 이상 앞선 문명을 가지고 있다. 이런 과학 기술 수준을 갖춘 외계 생명체가 지구를 정복하기로 마음먹고 공격해 온다면 우리가 맞설 방법은 전무하다고 할 수밖에 없다. 지구를 이미 방문한 외계 생명체가 있다면 적어도 지구를 침공할 의사는 없었던 것이 분명하다. 만일 침공 의사가 있었다면 이미 우리의 운명은 결정되어 있었을 것이다.

흔히 목격되는 UFO가 외계 생명체의 비행체일 가능성도 높지 않다. 외계 생명체의 비행체가 추락하거나 인간을 납치하여 생체 실험을 할 가능성은 더더욱 낮다. 지구보다 최소 수천 년 앞선 문명을 가지고 있고, 공간의 수축과 팽창을 마음대로 하거나 인공 블랙홀과 웜홀을 만들 수 있는 생명체가 실수로 흔적을 남길 가능성은 거의 없다고 보아야 한다.

지구는 다양한 생명체로 넘쳐 나는 곳이다. 그리고 생명체가 존재할 수 있는 환경은 우리가 생각했던 것보다 훨씬 더 넓다는 사실이 최근 밝혀지고 있다. 해저의 열수공 근처 100도가 넘는 물속에서 사는 생명체도 있고, 빛이 전혀 닿지 않는 심해나 지하에서 살아가는 생명체, 심지어는 산소가 없이도 살아갈 수 있는 동물도 발견되고 있다. 이 중에는 지금 당장 화성이나 달로 옮겨 놓아도 아무 문제없이 살아갈 수 있는 생명체도 있다. 생명의 원료인 원소는 우주 어디에나 존재하기 때문에 어쩌면 우주에는 우리 생각보다 훨씬 더 많은 생명체가 살아가고 있을지도 모른다. 많은 과학자가 태양계에서 지구가 아닌 다른 곳에도 생명체가 있을 가능성이 높다고 생각하고 탐사하는 것은 이런 이유 때문이다.

하지만 앞에서 살펴본 바와 같이 우주여행을 마음대로 할 수 있는 생명체를 만날 가능성은 그렇게 높지 않다. 우리 인간이 다른 별을 방문할 수 있게 되는 것도 최소한 수백 년 동안은 힘들 것이다. 외계 생명체의 지구 침공은 SF 영화에서는 매력적인 소재일 수 있지만, 현실의 우리는 오히려 인간들끼리의 싸움을 더 걱정해야 하는 상황이다. 우주여행을 마음대로 할 수 있으려면 먼저 앞으로 수천 년 동안 인류가 살아남아야만 한다. 외계 생명체를 만나기보다 어쩌면 이것이 더 어려울지도 모른다.

이강환 | 국립 과천 과학관 연구사

1969년 경남 창원에서 태어나 서울 대학교에서 천문학을 전공하고 동 대학원에서 천문학으로 박사 학위를 받았다. 영국 켄트 대학교에서 왕립 학회 연구원으로 아카리(AKARI) 우주 망원경 자료 분석 연구를 수행하였다. 현재 국립 과천 과학관에서 연구사로 일하며 천체 투영관과 천체 관측소 등 천문 분야 시설 관리와 교육 프로그램 운영을 담당하고 있다. 『신기한 스쿨버스』 시리즈, 『우리는 모두 외계인이다』, 『세상은 어떻게 시작되었는가』, 『우리 안의 우주』 등의 책을 번역하였다.

인간과 우주의 경계:
'우주 사회학'은 가능한가?

안형준 | 조지아 공과 대학교 과학 기술사 박사 과정

과학자는 과학적 호기심과 상상력이라는 탐침으로 미지의 경계면을 더듬는 탐험가다. 그들은 자연에 대한 '앎의 영역'을 조금이라도 넓히기 위해 실험 장치가 가득한 실험실에서, 다른 과학자들의 논문이 쌓여 있는 연구실에서, 그리고 거친 자연과 맞부딪치는 현장에서 치열한 사투를 벌인다.

수많은 과학의 영역 가운데 우주는 철학자, 과학자들의 호기심과 상상력을 끊임없이 자극하는 공간이다. 한 SF 작가의 표현을 빌자면, 인류가 우주에 호기심을 갖는 이유는 너무나 당연하다. 간단히 이분법적으로 생각해 보자. 우리는 지상에 발을 딛고 있지만, 머리를 들어 보면 두 눈에 보이는 세상의 절반을 차지하고 있는 하늘과 그 너머 우주와 대면하게 된다. 물론 세상에도 수없이 많은 미지의 영역이 존재하지만, 고개를 들면 바로 보이는 저 우주에 호기심을 갖지 않는다면 오히려 그것이 더 이상한 일일 것이다.

이런 인식론적 이분법에 기초해 고대 철학자들은 인간이 사는 지구와 우주에는 뚜렷한 경계가 있다고 믿었다. 기원전 그리스의 철학자 아리스토텔레스(Aristoteles)는 우주를 완전하고 불변하는 천상계(superlunar)와 불완전하고 변화가 있는 지상계(sublunar)로 엄격히 구별하고, 둘을 이루고 있는 원소와 운동 법칙도 완벽히 다르다고 주장했다. 이런 우주관에 토대를 둔 프톨레마이오스 천문학은 서양 천문학을 1,000년 넘게 지배했다. 하지만 1687년 아이작 뉴턴은 천상과 지상에 모두 적용되는 보편 법칙을 발견하여 우주와 지상 사이에 가로놓여 있었던 인식론적 경계를 완전히 무너뜨렸다. 그 후 과학자들은 광학 망원경이나 전파 망원경(radio telescope) 같은 기기를 이용한 실험 천문학과 물리학을 바탕으로 한 이론 천문학을 비약적으로 발전시키며 우주에 대한 '인식의 경계'를 150억 광년 떨어져 있는 우주의 끝까지 넓혀 왔다.

20세기 들어 과학자들은 기술 발전에 힘입어 우주에 대한 '경험의 경계'도 함께 넓히기 시작했다. 1961년 구소련의 유리 가가린이 보스토크 1호를 타고 고도 301킬로미터의 우주를 처음 '경험'한 뒤, 1970년 아폴로 13호가 달 고도 254킬로미터, 지구로부터 약 40만 킬로미터 떨어진 곳을 비행하여 인류가 지구로부터 가장 멀리 다녀온 여행 기록을 남겼다. 인류가 만든 인공물은 그보다 조금 더 나아갔다. NASA는 2013년 9월, 1977년 발사한 우주선 보이저 1호가 현재 지구로부터 약 190억 킬로미터 떨어진 항성간 공간에 진입해 태양계를 벗어났다고 공식 발표했다. 인류의 우주 진출은 우주 전체 규모에 비하면 이제 막 현관문을 빠끔히 연 수준에 불과하지만, 우주에 인공물을 보내고 또 인간 자신이 직접 지구 밖으로 나가 우주를 직접 경험하는 일은 우주와 인간의 사이에 있는 '존재의 경계'를 허물고 있다.

사회학자 피터 디킨스(Peter Dickens)와 제임스 옴로드(James Ormrod)는 그들의 최근 저서인 『우주 사회(*Cosmic Society: Towards a Sociology of the Universe*)』에서 이런 생각을 구체적으로 그리고 있다. 이들은 우주가 더는 인간 사회와 거리가 있는 '저 먼 곳(out there)'이 아니라, 정치·경제·국제 관계, 사회 문화, 윤리 같은 영역과 얽혀 '인간화(humanized)'된 공간이 되고 있다고 주장한다. 장구한 인류의 문명과 문화가 지구 곳곳의 환경과 어울려 탄생하고 사라짐을 반복했던 것처럼, 우주라는 공간 역시 더는 차가운 과학과 기술이 지배하는 메마른 공간이 아니라 점차 인간 세계의 원리와 법칙이 통용되고 있는 공간으로 변모하고 있다는 설명이다. 이들은 '우주 사회학'이라는 이름으로 인간화된 우주에 대한 새로운 접근을 시도한다.

우주를 경험한 인간이 역사상 고작 500명 남짓한 상황에서 우주에 대한 사회학을 시도하겠다는 이들의 주장은 다소 이른 감이 있을지 모르겠다. 2008년 최초 우주인을 배출하고, 2013년에야 처음으로 우주 발사체 발사에 성공하며 우주 경쟁에 본격적으로 뛰어든 우리나라의 상황에 비춰 보면 더욱 그렇다. 하지만 우주 개발의 최전선에 있는 미국에서 일어나는 일들을 보면, 인문 사회학의 관점이 우주와 인간 사이의 경계에 새로운 시각을 제공하고 있음을 충분히 확인할 수 있다. 이 글에서는 인간이 우주로 보낸 인공위성이나 탐사선 같은 인공물을 둘러싸고 벌어졌던 이야기들과 이를 둘러싼 몇몇 학자들의 주장을 중심으로, 우주와 인간사의 경계가 어떻게 달라지고 있는지 다루어 보려 한다.

나는 한국 최초 우주인 이소연 박사에게 세계 여섯 번째 우주 관광객인 미국의 억만장자 리처드 게리엇(Richard Gerriot)에 대한 흥미로운 이야기를 들은 적이 있다. 이소연 박사는 게리엇과 러시아의 가가린 우주 센터에서 함께 훈련을 받으며 개인적인 친분을 쌓았는데, 그가 1960년대 달 표면에 추락한 구소련의 달 탐사선 하나를 몇 해 전 러시아로부터 사들였다는 이야기를 하더라는 것이다. 물론 그가 산 우주선은 이미 탐사선의 기능을 모두 잃은 상태다. 게리엇은 왜 쓰레기나 다름없는 탐사선을, 그것도 실물을 확인하지도 않은 채 샀을까? 억만장자의 치기 어린 '돈 자랑'이었을까?

그러나 그 이유는 놀라운 것이었다. 언젠가 인류가 달에 자유롭게 오갈 수 있게 되면 미리 사 둔 탐사선을 근거로 달 영토에 대한 소유권을 주장할 근거를 마련하기 위해서였다는 것이다. 일종의 부동산 투자인 셈이다. 게리엇은 정말 그 탐사선의 소유를 근거로 주변 영토의 소유권을 주장할 수 있을까?

우주 공간에 대한 소유권과 이용권에 대한 대표적인 국제 조약으로는 1967년 국제 연합(UN)이 제정한 '달과 천체를 포함하는 우주 공간의 탐사 및 이용에 관한 조약(Treaty on principles governing the activities of states in the exploration and use of outer space, including the moon and other celestial bodies)'이 있다. 짧게 '우주 조약(Outer space treaty)'이라고도 부르는 이 조약에는 '우주는 평화적 목적으로만 사용할 수 있다.(The moon and other celestial bodies shall be used exclusively for peaceful purposes.)'라는 내용의 17개 세부 조항이 담겨 있다. 이 조약에 따르면 어떤 국가도 지구 밖 우주 공간에 주권을 가질 수 없으며, 개발 이익을 독점할 수 없다. 현재 우리나라와 북한을 비롯해 미국, 러시아, 일본, 중국, 인도 등 120여 국가가 이 조약에 서명했다.

우주 조약대로라면 게리엇은 현재 달에 있는 자신의 소유물을 근거로 달의 영토를 자신의 것이라고 주장할 수 없다. 그러나 1979년 체결된 '달 조약(The agreement governing the activities of states on the moon and other celestial bodies)'에 따르면 이야기는 달라진다. 달 자원의 평화적 이용을 위해 UN이 제정한 이 조약 역시 달을 '인류 공동 유산(The common heritage of mankind)'이라고 못 박으며, 그 어떤 국가의 소유도 인정하지 않았다. 하지만 미국은 여기에 서명하지 않아 미국인인 게리엇은 이 조약에 구속받지 않는다. 현재 달 조약에 서명한 국가는 칠레, 레바논, 필리핀 등 20여 국가밖에 없다. 또 이 나라들 가운데 우주 발사체 개발 능력을 갖춘 나라는 프랑스밖에 없을 정도로 우주 선진국의 참여는 매우 저조한 편이다. 미래 에너지원으로 최근 주목받고 있는 헬륨3(helium-3) 같은 달의 천연자원 개발에 선진국들이 매우 신중한 태도를 보이고 있다는 사실을 확인할 수 있는 대목이다. 사실 우주 개발에 대한 국제 조약은 수십 년 전 만들어진 것이라 지금 그대로 적용하기에는 무리가 따를 뿐만 아니라, 강제성이 없어 위반해도 특별한 제재를 받지 않는다. 러시아와 미국을 비롯해 중국, 일본, 인도 같은 나라들에서 우주 개발에 대한 관심이 최근 매우 높아지면서, 외계 행성의 소유권과 개발권 문제를 규정할 새로운 국제 기준의 마련이 필요하다는 목소리가 높아지고 있다.

게리엇이 사들인 '우주 쓰레기'에 대한 관심이 경제적 관심에만 머무는 것은 아니다. 우주에 떠도는 인공물에는 역사적 가치가 높은 것들이 많으므로 보호해야 한다고 주장하는 고고학자도 있다. 오스트레일리아 플린더스 대학교(Flinders university) 고고학과의 앨리스 골먼(Alice Gorman) 교수는 우주를 인류 문명이 새로이 만든 '문화 공간(cultural landscape)'으로 정의한다. 고고학적인 관점에서 보면 우주 쓰레기들은 지구 중력을 정복한 인류 문명의 독특한 역사를 담고 있다는 것이 그녀의 주장이다.

지구 위에서 시작된 인류 문명의 역사에 빗대어 말하자면, 1957년 최초의 인공위성 스푸트니크 1호가 발사되며 우주 탐사 시대를 열고 있는 현재는 이제 막 새로운 도구를 만들기 시작한 석기 시대나 마찬가지다. 당시 인류의 조상이 무심코 남긴 낙서나 단순한 도구들이 현재 수많은 고고학자와 역사학자들에게 당시 생활을 연구하는 귀중한 자료가 되고 있다는 사실을 상기하면, 현재 우주 공간에 남아 있는 수많은 인공물 가운데 역사적 가치가 있는 것들을 보존해야 한다는 주장은 일견 그럴듯해 보인다.

예를 들어, 그녀는 현재 지구 궤도를 도는 가장 오래된 인공물이 된 '뱅가드 1호(Vangard 1)'(1958년 발사) 같은 인공위성을 다른 위성과 충돌을 일으키는 '우주 쓰레기'로 취급해 없애야 할 것이 아니라, 오히려 '인류 문화유산'으로 남겨 보존해야 한다고 주장한다. 축구공만 한 크기의 뱅가드 1호는 그대로 두어도 앞으로 약 600년 동안 지구 궤도를 더 돌 것으로 예측된다. 만약 앞으로 우주여행이 대중화된다면, 이런 역사적 가치가 있는 인공위성은 우주선을 타고 가까이 가 볼 만한 역사 관광지가 될 수도 있다.

2010년 1월에는 캘리포니아 주가 달에 남겨진 쓰레기 더미를 역사 자원(historical resources)으로 지정했다. 1969년 7월 20일 닐 암스트롱(Neil Armstrong)과 버즈 올드린(Buzz Aldrin)은 고요의 바다에 2톤이 넘는 물품들을 남겨 놓고 왔다. 여기에는 달 지진과 운석 충돌의 충격을 탐지하는 지진파 탐지기, 달과 지구 사이의 정확한 거리를 측정하는 레이저 반사경 같은 과학 탐사 도구, 미국 국기와 달 착륙 기념판 같은 물품도 있었지만, 대부분 달 탐사선 이륙 시 무게를 줄이기 위해 버린 우주 장화, 우주선 좌석 팔걸이, 망치, 삽, 카메라, 깡통, 사슬, 안테나, 배설물이 담긴 봉지 같은 쓰레기들이었다.

캘리포니아 주의 역사 자원 지정이 달에 있는 물품들에 어떤 영향을 미칠까? 우주 조약에 따르면 달이나 외계 행성의 어떤 곳이라도 소유권을 주장할 수 없지만, 우주에 보낸 물체들에 대한 소유권이나 보호법은 주장할 수 있다. 캘리포니아 주는 아폴로 계획에 크게 기여한 NASA의 제트 추진 연구소(Jet propulsion laboratory, JPL)가 캘리포니아 주에 있다는 사실을 근거로 이 같은 선포를 했으며, 앞으로 UN의 세계 문화유산에도 등재하겠다는 계획이다. 이에 앞서 2013년 7월 미 의회는 달에 국립 공원을 지정하는 '아폴로 달 착륙 유산법(H.R.2617 The apollo lunar landing legacy act)' 법안을 제출하기도 했다.

이처럼 인간이 만든 인공물이 점차 우주 공간을 점유하면서, '인간이 우주를 이렇게 더럽혀도 되는가.'에 대한, 우주 오염 '윤리' 논쟁도 생겨났다. 우주가 여전히 인간의 '경험의 경계' 밖에 있었던 시기에 사람들의 관심은 '지구가 외계로부터 오염되지 않을까.' 하는 걱정과 우려에 머물러 있었다. 그러나 이제 거꾸로 인간의 활동에 의한 우주 오염을 윤리적으로 고려하는 때가 된 것이다.

우주 오염에 대한 관심은 우주에 나갔다 온 사람이나 장치에 묻어 들어올지도 모르는 '외계 세균'에 대한 걱정에서 처음 시작됐다. 아폴로 계획이 한참 진행되고 있던 1964년, 미국 우주 과학 위원회

(The committee on aeronautical and space sciences)는 달 탐사를 통해 지구로 들어올지 모르는 세균의 위험성에 대한 토론회를 열었다. 위원회는 아폴로 계획을 통해 달의 암석 같은 물질을 들여올 때는 완전히 밀봉된 상자 안에 담아 올 것과 탐사를 마치고 돌아온 우주인을 최소한 3주 동안 격리해야 한다는 결정을 내렸다. 이 결정에 따라 1969년 아폴로 11호를 타고 인류 최초로 달 탐사를 마치고 돌아온 닐 암스트롱과 버즈 올드린, 그리고 마이클 콜린스(Michael Collins)는 3주 동안 지구인들의 뜨거운 환대를 밀폐된 방 안에서 받아야만 했다. 물론 이들에게서 감염에 대한 특별한 이상 징후는 발견되지 않았으며, 달에서 가져온 암석에서도 생명체의 흔적은 전혀 발견되지 않았다.

하지만 그해 11월 아폴로 12호를 타고 달에 발을 내디딘 우주인들은 이를 정면으로 뒤집는 증거를 갖고 돌아왔다. 아폴로 12호의 선장 찰스 콘래드(Charles Conrad)는 그가 도착하기 3년 전 달에 보내진 서베이어 3호(Surveyor 3) 탐사 로봇의 일부를 회수하는 임무를 부여받았다. 그런데 콘래드가 서베이어 3호에서 떼어 온 카메라 깊숙한 곳에서 지구에서 흔히 볼 수 있는 연쇄사상균(*streptococcus mitis*)이 그것도 산 채로 발견된 것이다. NASA는 카메라를 지구에 가져온 뒤 관리 부주의로 박테리아가 들어갔을 가능성이 크다고 생각했다. 하지만 박테리아가 달과 같은 극한 환경에서 충분히 오랜 시간 동안 살아 있을 수 있다는 실험 결과를 토대로 다른 가능성 또한 제기되었다. 카메라를 처음 달에 보낼 때 살균을 하지 않았기 때문에, 당시 지구에서 묻어 간 박테리아가 3년 동안 살아 있다가 그대로 돌아왔을 가능성이 있다는 것이다.

이 사건에 대한 결론은 아직도 확실하게 내려지지 않았지만, 2002년 국제 우주 공간 연구 위원회(Committee on space research, COSPAR)에서는 외계 세균이 지구를 오염시키는 '역오염(back-contamination)'뿐만 아니라 지구 세균이 외계를 오염시키는 '순오염(forward-contamination)' 모두를 예방하는 '행성 간 보호 지침(Planetary protection plolicy)'을 마련해 두고 있다. 이런 지침이 중요한 이유는 외계 세균이 지구 생태계를 파괴할 가능성이 있다면, 거꾸로 지구 세균이 (혹시 있을지도 모르는) 외계 생태계를 파괴할 가능성이 있다는 사실을 '윤리적'으로 고려하고 있기 때문이다.

지금까지 몇 가지 사례를 통해 우주가 어떻게 점점 '인간화'된 공간으로 변모해 가며, 인간과 우주 사이의 경계에 대한 새로운 아이디어들을 던져 주는지 살펴보았다. 지난 2013년 9월 중국 베이징에서 열린 제64회 국제 우주 대회(Internatioal aeronauticla congress, IAC)는 이런 아이디어들이 최근 얼마나 활발하게 논의되고 있는지 확인할 수 있는 좋은 기회였다. 아직 국내에는 생소하지만, 우주학(space studies) 분야의 세계 여러 나라 학자들은 우주 공간을 인문·사회학의 대상으로 다루며 새로운 가능성을 탐색하고 있었다. 달에 대학을 짓는다면 어떤 개념으로 접근해야 하는지, 우주 공간에서 성 평등은 어떻게 구현할 수 있는지, 새로운 '놀이' 공간으로서의 우주 공간은 어떤 가능성을 주고 있는지 등의 논의를 통해, 우주가 이제 과학 기술과 안보의 공간을 넘어 새로운 삶의 공간으로서 우리에게 서서히 다가오고 있음을 새삼 확인할 수 있었다. 21세기 새로운 우주 경쟁 시대가 도래한 지금, 우주라는 공간은 우리 인간에게 어떤 의미인지, 그리고 그 사이에 존재하는 경계의 의미는 어떻게 변해 왔으며 또 어떻게 변할 것인지 다시금 생각해 볼 때다.

안형준 | 조지아 공과 대학교 과학 기술사 박사 과정

서울 대학교 물리 교육과를 졸업하고, 같은 대학 과학사 및 과학 철학 협동 과정에서 석사 학위를 받았다. 월간 《과학동아》 기자로 일하다가 2006년 한국 최초 우주인에 지원해 최종 30인 후보에 뽑혔다. 미국 조지아 공과 대학교에서 과학 기술사 박사 과정을 수료하고, 지금은 서울 대학교와 한양 대학교에서 과학 기술학 관련 과목을 가르치며 한국 로켓/우주 개발사에 대한 박사 논문을 준비하고 있다.

우리가 볼 수 있는 우주의 한계는?: 중력파와 블랙홀

이창환 | 부산 대학교 물리학과 교수

1. 들어가는 말

2011년 고등학교 융합 과학 교과서가 대대적으로 개편되어, 겨울 방학 동안 부산 지역 현직 고교 과학 교사들을 대상으로 교사 직무 연수를 담당하게 되었다. 3시간 강의를 6일에 걸쳐 진행하는 강행군이었다. 같은 강의를 6번이나 반복해야 한다는 것이 처음엔 무척 부담되었지만, 매일 진화해 가는 강의는 내게 좋은 경험이 되었다. 무엇보다도 강의를 듣는 수강생, 즉 3월부터 새 교과서로 수업을 진행해야하는 선생님들이 너무나 진지한 탓도 있었다.

융합 교과서는 기존 교과서의 형식을 완전히 벗어 버리고 빅뱅에서 출발하여 초기 우주, 은하, 별의 진화를 거쳐 태양계와 지구를 이해하고 이를 바탕으로 생물체와 현대 과학 문명을 다루는 형식으로 전면 개편되었다. 기본 원리부터 배우고 관련 현상을 배우는 방식을 탈피하여, 숲을 먼저 보여 흥미와 관심을 유발한 뒤에 기본 원리를, 즉 나무 한 그루 한 그루는 나중에 보여 주는 새로운 방식을 택한 것이다. 물리, 화학, 생물, 지구 과학 같은 세부 전공에 익숙한 현직 교

"

사들로서는 자신이 잘 모르는 부분까지 수업을 진행해야 하는 부담
이 있지만, 배우는 학생들에게는 새 융합 교과서가 현대 과학의 전
반적인 흐름을 파악하는 데 많은 도움이 될 것으로 판단되었다.

융합 교과서는 초기 우주와 같은 미지의 세계에서 출발하여 인류
가 가지고 있는 근원적인 물음인 우주의 기원을 다루는 것으로 시
작하고 있다. 강의를 진행하면서 '과연 인류는 우주의 기원을 어디
까지 알 수 있을까?'라는 기본적인 의문과 함께 상대성 이론이 최대
의 화두로 떠올랐다. 이 글에서 이러한 물음에 답하기 위한 현대 과
학의 일부인 중력파(gravitational wave radiation) 연구에 대해 살펴보
고, 중력파를 이용해 관측하고자 하는 주요 대상인 블랙홀도 살펴
보고자 한다.

2. 빛으로 볼 수 있는 세상은 어디까지일까?

인류 탄생 이래 우주는 언제나 탐구의 대상이었고, 밤하늘은 무수히
많은 별만큼이나 우리 상상력을 자극해 왔다. 우주를 탐구하기 위
하여 인류는 다양한 관측 도구를 개발하였다. 렌즈와 거울을 이용
한 망원경의 발견으로 인류는 많은 물음에 대답을 찾을 수 있었다.
지구는 태양계의 한 행성이고 태양계는 우리 은하 변두리에 위치한
작은 일부분에 불과하며 우리 은하 또한 은하단이라 불리는 거대
구조 안에서 점과 같은 존재임이 망원경으로 밝혀졌다. 하늘에 별처
럼 보이는 밝은 점들의 상당수가 사실은 별이 아니라 수많은 별이 모
인 은하라는 것도 알게 되었다. 과연 현대 과학 기술로 볼 수 있는 우
주의 한계는 어디까지일까?

먼 우주에서 온 빛이 지구에 도달하는 데 걸리는 시간 때문에 우

리가 현재 보고 있는 먼 우주는 오랜 과거의 모습이다. 따라서 점점 더 멀리 볼 수만 있다면 빅뱅과 같은 우주 초기의 대폭발이나 그 흔적을 볼 수도 있을 것이다.

지금까지 우주를 이해하는 데 가장 필수적인 도구는 인간의 눈으로 인식할 수 있는 빛이었다. 얼마나 멀리서 오는 빛을 볼 수 있는지가 관측 기술의 척도였다. 현재 정지 궤도에 올라가 있는 NASA의 허블 천체 망원경은 빛으로 볼 수 있는 먼 우주에 대한 많은 정보를 우리에게 제공하고 있다. 이와 더불어 지상의 거대 전파 망원경, 인공위성 탑재 엑스선 망원경(X-ray telescope), 감마선 망원경(gamma-ray telescope) 등은 기존 망원경으로 볼 수 없었던 우주에 대한 새로운 정보를 제공하고 있다. 하지만 전파, 엑스선, 감마선 등은 파장만 다를 뿐 결국 빛의 일종이므로 현재까지 인류가 수행해 온 우주 관측의 한계를 여전히 벗어나지 못하고 있다.

물리학은 빛으로 볼 수 있는 우주에 근본적인 한계가 있음을 알려 준다. 물리학에서 빛은 전자기파이다. 현대인의 필수품이 되어가고 있는 스마트폰도 전자기파의 일종인 전파를 이용하여 통신한다. 전자기파(electro-magnetic wave)라는 말이 의미하듯, 빛은 전하(electric charge)를 가진 입자들과 만나면 전자기적 성질이 드러나 영향을 받을 수밖에 없다. 다시 말해 전하를 가진 입자들의 밀도가 높으면 빛은 빠져나오지 못하는 것이다. 우리가 태양 내부를 빛으로 직접 볼 수 없는 것도 이 때문이다.

빅뱅 직후의 초기 우주는 초고온의 상태로서 우리가 알고 있는 수소, 헬륨, 탄소 등과 같은 원자들이 존재하지 못할 만큼 뜨겁다. 이같은 고온 상태에서는 현재 우주에서는 자연스럽게 존재하지 않는

쿼크-글루온 플라즈마(quark-gluon plasma)와 같은 특이한 상태가 형성될 수 있다. 이후 우주 팽창과 함께 온도가 내려가 우주를 구성하는 양성자와 전자들이 형성되는 것이다. 쿼크와 양성자(proton), 전자(electron) 모두 전하를 가지고 있으므로, 이러한 초기 우주에서는 빛이 빠져나올 수 없는 상태가 필연적으로 존재한다. 안개가 자욱한 날에 아무리 강한 빛을 쏘아도 멀리에서는 볼 수 없는 것과 같은 이유이다. 따라서 우리가 볼 수 있는 빛은 초기 우주의 온도나 밀도가 낮아져서 더는 다른 입자들과 충돌하지 못하는 상태가 되어야만 방출된다. 빛으로 관측 가능한 우주에는 기술 발전과 무관한 근본적 한계가 존재하는 것이다.

3. 중력파를 이용한 우주 관측 시대의 도래

이러한 한계에 도전하는 시도가 현재 미국, 유럽, 일본, 오스트레일리아에서 진행되고 있는 중력파 관측이다. 우리에게 뉴턴의 만유인력으로 잘 알려진 중력은 질량을 가진 물체 사이에 작용하는 끌어당김의 원인이다. 빅뱅, 은하의 충돌, 초신성 폭발, 그리고 블랙홀의 충돌과 같이 물질 분포에 급격한 변화가 있을 때 중력에는 변화가 생긴다. 이 정보가 빛의 속도로 퍼져 나가는 것이 중력파이다. 스마트폰 안테나 내부의 전자를 흔들어 주면 전자기파가 나오는 것과 비슷한 원리이다. 이 중력파는 알베르트 아인슈타인의 일반 상대성 이론에 의해 그 존재가 예측되었으며, 빛에 비해 입자들과의 상호 작용이 극히 작다. 따라서 빛이 빠져나올 수 없는 고온/고밀도 상태에서도 중력파는 빠져나올 수 있다.

현재 미국에서 가동 중인 레이저 간섭계 중력파 관측소(Laser

interferometer gravitational-wave observatory, LIGO)는 직각으로 놓여 각각의 길이가 4킬로미터인 진공관 2개로 구성되어 있다. 이 진공관의 끝에는 무거운 반사 거울이 있고, 중력파가 지나갈 때 거울에 작은 진동이 발생하게 된다. LIGO는 진공관을 통과하는 레이저 빛의 반사와 간섭 현상을 이용하여 이 작은 진동을 감지한다. 이때 발생하는 진동 폭은 수소 원자 크기의 1억 분의 1에 해당한다. 이를 설명하기 위해 예를 들자면 1미터의 10억 분의 1이 나노미터로서, 현대 과학의 핵심을 이루고 있는 나노 과학에서는 나노미터 단위에서 일어나는 물리 현상을 연구한다. 중력파에서 검출하고자 하는 신호 크기는 나노미터의 10억 분의 1에 해당하는 것으로 인류가 이전에는 도달치 못한 정밀도를 요구하고 있다. 이러한 관측에는 최첨단 기술이 요구되어 2004년에 이르러서야 관측 장비를 처음 가동할 수 있게 되었으며, 더 정밀한 관측을 위한 시스템 개선이 현재 진행되고 있다. 미국 외에도 이탈리아의 VIRGO, 독일의 GEO600 중력파 관측소가 현재 가동 중이며, 일본의 대규모 극저온 중력파 망원경(Kamioka gravitational wave detector, KAGRA)은 건설이 진행 중이고, 미국 중력파 관측소의 인도 분소(LIGO India)가 계획 단계에 있다.

지상에 건설된 중력파 관측소는 크기와 기술의 제약 때문에 초기 우주에서 오는 중력파나 은하 스케일의 물질 분포 변화에서 오는 중력파를 관측하기에는 부족하다. 유럽 우주국(European space agency, ESA)은 지구 궤도 주위에 3개의 위성을 띄워 좀 더 큰 스케일의 중력파를 관측하려는 레이저 간섭계 우주 안테나(Evolved laser interferometer space antenna, eLISA) 계획을 진행하고 있다. 각 위성 간의 거리는 100만 킬로미터로 지구 반경의 160여 배에 이른다. 이 위성들이 레이저 광선을 서로 교환함으로써 중력파에 의한 위성의 흔들림을 측정하게 된다. 이 계획은 비단 중력파 연구뿐만 아니라 레이저와 인공위성 기술의 새로운 장을 여는 계기가 될 것이다.

4. 블랙홀의 재발견

현재 가동 중인 지상의 중력파 관측소에서 관측이 가능한 대표적인 천체 현상은 태양 질량의 수 배 질량을 가진 두 블랙홀의 충돌이다. 인류가 새로이 얻어 낸 놀라운 정밀도의 관측 기술은 빛조차 빨아들이는 성질 때문에 관측이 불가능할 것이라는 예상을 뒤엎고 블랙홀이 21세기 우주에 대한 새로운 정보 제공자로서 각광받게 하였다.

블랙홀의 존재 가능성을 처음으로 제시한 것은 시간과 공간에 대한 새로운 해석을 불러온 아인슈타인의 상대성 이론이다. 이후 20세기 첨단 기술의 발달로 엑스선과 감마선 관측 위성을 통한 우주 관측은 우주에 대한 기존의 상식을 바꿔 놓았다. 이제 블랙홀은 일반 상식의 일부가 되었다.

엑스선은 방사선 진단에 쓰이는 빛의 일종으로, 우리의 몸조차 투과하는 성질을 활용해 의학적 진단에 널리 사용되고 있다. 그런데 엑스선 관측 장비를 인공위성에 실어 관측한 결과, 강한(high intensity) 엑스선을 방출하는 천체(astrophysical object)들이 우주에 많이 존재함이 확인되었다. 엑스선 천체들은 광학 망원경으로 본 것과 다른 우주의 모습을 보여 주었다. 대표적인 것으로 거대한 블랙홀이 중심에 자리 잡고 있는 외부 은하를 들 수 있다. 센타우루스 A 은하(Centaurus A)는 광학 망원경으로 관측하였을 때는 원반 모양인데, 엑스선 망원경으로 관측하자 원반의 회전축 방향으로 가늘고

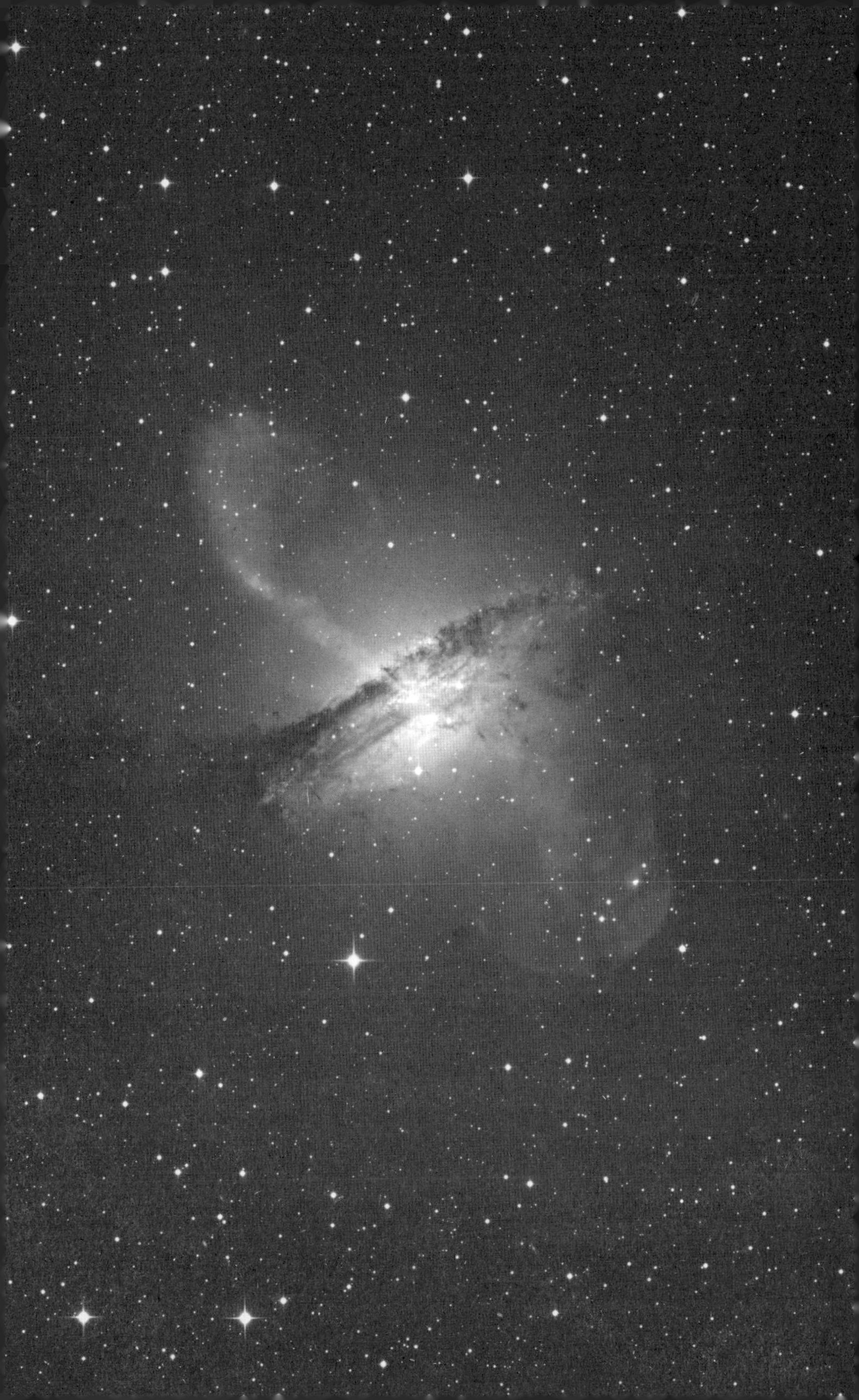

긴 제트가 나타났다. M87 은하에서는 관측된 엑스선 제트의 길이
가 10만 광년이나 되었다. 은하 중심에서 무엇인가가 아주 강한 제
트를 형성하며 엑스선을 방출하고 있는 것이다. 이 엑스선 방출의 원
인이 블랙홀임이 밝혀졌다. 2002년 노벨 물리학상은 엑스선 관측
을 주도하여 우주의 새로운 모습을 보는 데 기여한 리카르도 자코니
(Riccardo Giacconi) 박사에게 주어졌다.

감마선은 엑스선보다 더욱 강력한 에너지를 가진 빛으로서 핵
폭발과 같은 반응에서 많이 방출된다. 냉전 시대 구소련의 핵실험
금지 조약 이행을 감시하기 위해 미국이 쏘아 올린 벨라(Vela) 감
마선 관측 위성은 뜻밖에 우주로부터 날아오는 강한 감마선 폭발
(gamma-ray burst)을 관측하게 되었다. 더욱 놀라운 것은 이러한 천
체들이 태양이 한평생 동안 내놓는 에너지 전체보다 많은 어마어마
한 에너지를 단 수 초, 길어야 수 분 안에 모두 감마선으로 방출한다
는 것이다. 초신성과 비교하면 감마선 폭발에서 방출되는 감마선의
세기(intensity)는 초신성 폭발에서 방출되는 빛의 세기의 100억 배
에 해당한다. 이러한 강력한 에너지의 원인으로 또 다시 블랙홀이 각
광받고 있다.

어떻게 빛조차 빨아들이는 블랙홀에서 엑스선과 감마선이 방출
될 수 있을까? 답은 블랙홀에서 직접 빛이 방출되는 것이 아니라는
점에 있다. 블랙홀 밖 물질들이 블랙홀로 빨려 들어가면서 블랙홀
주위에서 빛을 방출하는 것이다. 블랙홀로 빨려 들어가는 물질들은
토성의 고리처럼 블랙홀 주위를 회전하며 원반을 형성하는데 이 원
반의 온도가 1000만 도에 도달하면 강한 열적 엑스선(thermal X-ray)
이 방출된다.(인체 촬영에 사용되는 엑스선은 입자들의 반응에서 나오는 것으

로, 빛의 세기도 작고 파장에 따른 분포가 열적 엑스선과는 구분된다.) 상온에서 방출되는 적외선 때문에 밤에도 적외선 망원경으로 물체를 인식할 수 있는 것과 같은 원리이다. 태양의 표면 온도가 약 6,000도임을 고려하면 보통 별의 표면에서 1000만 도에 해당하는 환경을 만드는 것은 불가능하다. 1000만 도는 블랙홀 근처와 같이 중력이 아주 강한 환경에서야 도달할 수 있는 온도이다. 감마선은 이보다 훨씬 높은 온도를 필요로 한다. 따라서 현재 관측되는 강한 우주 엑스선과 감마선 폭발은 블랙홀의 존재를 간접적으로 증명하고 있다.

빛조차 빨아들인다고 알려진 블랙홀이지만, 엑스선과 감마선 관측을 통하여 우주에서 빅뱅 이후 가장 강력한 폭발의 주인공이라는 새로운 지위를 얻었다. '모든 것을 삼키기만 하는 블랙홀'이란 상식을 넘어선 또 하나의 상식이 성립되고 있는 것이다. 수년 내에 다시 한번 중력파 관측을 통하여 블랙홀의 신비에 대한 새로운 단서를 찾기를 기대해 본다.

5. 맺음말

21세기가 시작된 지금 과학 선진국의 물리학자들은 수많은 위성 탑재 망원경을 이용하여 우주의 신비를 밝혀내고 있다. 특히, 이론적으로 예측된 블랙홀을 관측으로 확인함으로써 인류의 능력이 어디까지 미칠 수 있는지를 보여 주었다. 또한, 인류가 단 한 번도 관측하지 못했던 중력파를 관측하기 위한 실험을 진행하고 있다.

이제 겨우 나로 우주 센터를 건설하여 위성 발사를 시험하고 있는 한국의 현실에서는 아직 거리감이 느껴지는 것이 사실이다. 비록 늦은 감은 있지만 이러한 세계적 중력파 연구에 동참하기 위하여, 한국에서는 여러 대학의 교수와 국립 연구소 소속 연구원을 중심으로 중력파 연구 그룹(Korean gravitational-wave group)을 조직하였고, 2009년 9월 정식으로 국제 중력파 연구단인 LSC(LIGO-scientific collaboration)에 가입하여 국제 공동 연구를 수행하고 있다.

우주는 여전히 열린 마음으로 우주의 신비를 풀고 싶어 하는 젊은 과학자들을 기다리고 있다. 새로운 과학적 도전을 수용할 수 있는 과학 정책과 과학 저변 문화 확대를 희망하며, 우리의 젊은 과학도들에 의해 우주의 새로운 모습이 밝혀지는 미래를 기대해 본다.

이창환 | 부산 대학교 물리학과 교수

중성자별 내부 구조에 관한 연구로 1996년 서울 대학교 물리학과에서 박사 학위를 받았으며, 미국 뉴욕 주립 대학교 스토니브룩 캠퍼스 연구원을 역임하였다. 고등 과학원과 서울 대학교 BK21 사업단을 거쳐 2003년부터 현재까지 부산 대학교 물리학과 교수로 재직 중이며 중성자별, 쿼크-글루온 플라즈마와 관련된 천체 물리 현상을 연구하고 있다.

한계: 그 세 가지 이야기

문홍규 | 한국 천문 연구원 책임 연구원

1. 기계

학부 3학년 때 마침 전파 망원경을 구경할 기회가 왔다. 한국 천문 연구원 대덕 전파 천문대. 그 거대한 금속성 구조물과 초고감도 기기들이 내뿜는 차가운 위풍에 잠시 멈칫해야만 했다. 저 흔한 파라볼라 접시와는 비교도 되지 않는 지름 14미터 안테나는 키보드만 누르면 수백 광년 밖에서 날아온, 들릴까 말까 하는 신호를 잡기 위해 거대한 몸을 천천히 움직였다. 철 사다리를 2번 갈아타고 꼭대기까지 올라가 영하 258도의 액체 헬륨을 토해 내는 냉각 펌프의 굉음을 들으니 가슴이 뛰었다. 하지만 이제 그 안테나는 내가 근무하는 건물 코앞에 있으니 더 이상 감흥은 기대하기 어렵게 됐다.

그 즈음 나는 『원시별과 별 탄생』이라는 책 읽는 재미에 흠뻑 빠져 있었다. 붉은 장정에 책 제목을 금박으로 입힌 두꺼운 영문 원서의 복사본이었다. 어느 영화감독이 그걸 읽고서 거부하기 힘든 감흥에 휘말려 SF 영화를 만들기로 결심했다면 영화는 이렇게 시작될지도 모르겠다.

어두운 공간 어딘가에 성간 구름이 있다. 그 중심은 밀도가 높아지면서 서서히 달아오른다. 이윽고 뜨거워진 가스가 전파를 방출하기 시작하고, 지구에서는 사람 눈에 보이지 않던 원시별의 희미한 신호가 잡힌다. 그 별은 태아처럼 장구한 세월을 가스에 둘러싸였다가 마침내 첫 울음을 터뜨린다.

나는 책장을 넘기며 낯선 체험을 했다. 그것은 점차 분명해졌고, 또 구체적인 모습을 띠었다. 어두운 공간을 생각해야만 했다. 안개보다 짙은 차가운 가스를 뚫고 미약한 전파가 맥동치기 시작한다. 첼로와 콘트라베이스 음악이 어울릴 것 같은 그 은밀한 곳은 별이 태어나는 모태 공간이다. 나는 별을 잉태하는 공간에, 태반에 관해서 느끼는 것과 비슷한 상념을 갖게 됐다. 그 발상은 낯설고 당황스러웠지만, 반대로 친숙하기도 했다. 원시별은 자궁 속에서 태아의 맥박이 뛰듯 절대 온도 100도의 복사를 방출한다.

마침내 대덕 전파 천문대의 14미터 망원경을 제대로 써 볼 수 있는 기회가 찾아왔다. 1990년대 초반에 나는 석사 논문을 쓰기 위해 이것저것 뒤져 보고 있었다. 뜻밖에 주제는 쉽게 정해졌다. 선배인 성언창 박사의 권유로, 국내에 소개된 지 얼마 안 된 난쟁이 은하(왜소 은하)의 역학적 성질을 공부하게 됐다. 성 박사가 권해 준 대상은 '해로 6(Haro 6)'라는 이름의 난쟁이 은하였다. 이들 난쟁이 은하는 아직 일반인들에겐 생소하겠지만, 은하의 대부분을 차지하는데다가 암흑 물질이 많아 중요하게 인식됐다. 게다가 별이 탄생하는 메커니즘을 이해하는 데에도 문제 해결의 열쇠가 됐다. 당시 오스트레일리아 마운트 스트로믈로 천문대에 머물던 성 박사 덕분에 1.9미터 망원경의 관측 시간을 일부 얻어 쓸 수 있었다. 이 망원경은 십 수 년 뒤에 캔버라 외곽을 잿더미로 만든 산불에 제물로 바쳐졌다. 정확하게 말하면 엄청난 열기에 통째로 녹아내려 돔 벽체와 기둥, 망원경 골조 일부만 간신히 남았다. 그때만 해도 오스트레일리아 국립 대학교가 자랑하던 연구 시설이었는데 말이다.

청색 왜소 은하 '해로 6'는 태어난 지 얼마 되지 않은, 별이 폭발적으로 탄생하는 천체라고 알려졌다. 별을 대량 생산한다는 것은 별을 만드는 재료, 곧 가스가 풍부하다는 증거다. 물고기가 많은 곳에 플랑크톤이 넘쳐나는 것과 같다. 이 은하에 현대 천문학의 화두인 암흑 물질이 얼마나 포함돼 있는지 조사하는 것은 당시의 유행을 따르는 데에 부족하지 않은 연구 주제였다. 암흑 물질을 측정하는 방법 중 하나는 스펙트럼을 찍어 회전 속도 곡선을 얻는 것이다. 은하 중심부터 외곽까지 자전 속도를 재면 이론적으로 그 은하에 보이는 물질과 보이지 않는 물질의 양을 추정할 수 있다. 우리는 CCD 카메라로 촬영한 영상을 통해 이 은하가 어떻게 생겼는지, 분광기의 슬릿(slit)은 어디에 어느 방향으로 두어야 할지, 또 노출은 얼마나 줄지 가늠했다.

이런 종류의 은하는 대체로 타원체를 이루며 짧은 축(단축)을 중심으로 자전하는 것이 보통이다. 따라서 회전 속도를 측정하기 위해서는 긴 축(장축) 방향으로 슬릿을 대면 된다. 단, '해로 6'처럼 별이 폭발적으로 생겨나는 천체는 회전과 별개로 가스 분출이 무작위하게 발생하기 때문에 스펙트럼 형태가 단순치 않다. 우리는 에셸 분광기(echelle spectrograph)라는 관측 기기를 썼다. 그래서 회전 속도는 물론 별 탄생으로 나타나는 격렬한 가스 운동과 (제한적이기는 하지만) 암흑 물질의 양을 계산할 수 있었다. 이쯤 되면 목표를 모두 달성한 셈이다. 하지만 갈증이 났다. 더 많은 게 궁금했다.

'이런 은하라면 강력한 복사 때문에 그 열로 데워진 따뜻한 먼지가 풍부할 텐데.' NASA의 적외선 천문 위성(Infrared astronomical satellite, IRAS)의 데이터베이스를 뒤져 이 은하에 포함된 먼지의 온도를 계산해 보기로 했다. 과연 예상대로였다.

또 하나, '헤비급' 별들이 막 태어나는 신생 은하라면 강렬한 자외선이 나와야만 한다. '해로 6' 역시 예외가 아니어야 했다. 1978년에 NASA와 유럽 우주국(ESA)이 쏘아 올린 국제 자외선 우주 망원경(International ultraviolet explorer, IUE)의 자료를 구했지만, '해로 6'는 거기에 없었다. IUE가 해당 지역을 촬영하지 않았거나, 신호가 미약했거나, 아니면 촬영 당시에 기기적 결함이 생겼을지도 모른다. 하는 수 없었다. 처음부터 의도했던 것은 아니니까.

마지막으로 밀리미터 전파 관측 자료를 뒤졌다. '해로 6' 같은, 아직 별이 만들어지는 천체는 분자 구름에서 강한 밀리미터파 방출을 보여야 한다. 매사추세츠 주립 대학교 연구진이 그와 같은 연구를 진행한다는 사실을 알고 관련 논문도 검색하기 시작했다. 허사였다. 그렇다면 매사추세츠 대학교 천문대와 비슷한 기능을 가진 대덕 전파 천문대의 전파 망원경을 쓰면 어떨까?

박용선 박사에게 망원경 시간을 빌려 쓸 수 있는지 물었다. 망원경 시간은 관측 수개월 전에 미리 신청한 뒤에 엄격한 심사를 통해 시간을 배정받도록 되어 있다. 그런 절차를 모르는 바는 아니었지만, 시급하게 시간이 필요할 경우 보통 '천문대장 시간'이나 '유지 보수 시간'을 빌릴 수도 있다.

다행히 얼마 되지 않는 자투리 시간이 허락됐다. 허락된 시간은 6시간. 습도가 높았지만 시도해 보는 수밖에 없었다. 망원경 돔 밖은 안개가 자욱했다. 서너 시간 동안 안테나를 '해로 6'로 향했지만 결과는 '검출되지 않음'이었다. 안테나의 온도가 너무 높았다. 우리는 당시 한국에 단 하나밖에 없는 '별의 소리를 듣는' 라디오를 틀어 놓았지만, 감도가 낮은 데다 '방송 출력'이 너무 약해 결국 어쩔 도리가 없었다. 그것은 '자연이 허락하지 않는 한계'라기보다는, 사람이 만든 '기기의 검출 한계'가 빚어 낸 결과였다.

2. 인간

나이 들어 머리가 그다지 신통치 않게 됐을 때 학위 공부를 시작했다. 결혼하고 딸아이가 태어난 직후라 아내에게 미안했다. 게다가 몇 가지 프로젝트에서 일하다 보니 연구 테마를 갑자기 은하에서 소행성으로 바꾸게 됐다. 흔치 않은 일이다.

업무에 맞춰 저녁 뉴스 시간에 이따금 나오는, 지구 충돌 가능성이 있는 소행성과 혜성, 즉 근지구 천체(Near earth object, NEO)를 논문 주제로 정했다. NEO란 지구 궤도를 통과하거나 지구 가까이 접근하는 소행성과 혜성을 뜻한다. 변용익 교수와 함께 윌리엄 보트케(William Bottke) 박사가 만든 NEO 종족 모형을 입수했다. 종족 모형이란 이론과 관측 자료를 바탕으로 실제 NEO의 궤도와 크기, 분포를 거의 비슷하게 만든 가짜 입자들을 말한다. 우리는 4,600개가 넘는 가짜 NEO가 태양을 공전하도록 한 프로그램을 썼다. 그러면 우리가 알고 싶은 시점과 위치에서 가짜 NEO를 찍을 수 있는지, 얼마나 밝게 보이는지 알 수 있다.

천문학자들은 1970년대부터 본격적으로 소행성 탐사 관측 프로젝트에 착수했다. 우리는 지난 40여 년간 이러한 연구에 사용된 모든 망원경과 카메라 특성, 그리고 이들 장비가 하늘을 찍은 패턴을 가장 사실에 가깝도록 시뮬레이션하기로 했다. 지루하고 고단한 과정이었다. 그 대상은 모두 해외 프로젝트였고, 일부는 미 공군이 인공위성 감시를 위해 수행한 군사 임무와도 관련 있었기 때문에 자료 확보에 애를 먹을 수밖에 없었다. 게다가 이러한 일에 참여한 연구 팀들은 겉으로는 서로 협력하는 것처럼 보였지만, 실제로는 예산과 실적을 놓고 경쟁하는 구도였다. 때문에 단순히 숫자 몇 개를 공개하는 일에도 공연히 신경을 곤두세웠다. 다행히 데이터베이스의 관리 책임자인 하버드 천체 물리 연구소 소행성 센터장인 티머시 스파(Timothy Spahr) 박사로부터 얼마간 도움을 얻을 수 있었다. 1년 반 동안 시뮬레이션 코드와 씨름한 끝에 몇 가지 의미 있는 결론에 도달했다. 보트케 모형은 전체적으로 잘 맞는 것 같았지만, 실제 소행성과 혜성들의 특성과는 차이를 보였다. 결정적으로 이들 종족이 어디에 기원을 두고 있는지에 관해 문제점을 드러냈다. 더 나은 모형이 필요했다.

1990년대 말 NASA와 미 공군은 미 의회의 명에 따라 10년간 1킬로미터보다 큰 NEO의 90퍼센트 이상을 발견한다는 우주 방위 목표를 수립, 발표했다. 이 목표는 언뜻 잘 이행되고 있는 것처럼 보였지만, 우리의 시뮬레이션 결과 NASA가 목표했던 2008년에서 이삼 년 늦어진 2010년(또는 2011년)에야 달성된다는 뜻밖의 결론을 얻었다. 연구 결과는 《이카루스(Icarus)》라는 학술지에 실렸고 해외 전문가 사이에서 화제가 됐다.

이번에는 알렉산드로 모비델리(Alessandro Morbidelli) 박사가 보트케의 종족 모형에서 발견된 몇 가지 문제를 손 본 '새 버전'을 구했다. 그가 창조한 가짜 NEO를 이용해 우리는 똑같은 실험을 했다. 그 결과 몇 가지 숙제는 해결됐지만, 이전과는 다른 문제가 드러났다.

이렇듯 우리의 예측이 실제와 다른 것은 사람이 자연을 모방한 모형(NEO 모델)과 계산(시뮬레이션)에 쓴 자료가 불완전했기 때문이다. 기본 가정이 맞고 정밀한 데이터를 쓸 경우, 가공의 현실, 즉 모형은 현실과 착각을 일으킬 만큼 정교해진다. 하지만 사람이 전 세계 관측 시설을 활용해 사반세기에 걸쳐 남긴 관측 기록, 즉 탐사 전략은 국외자가 손에 넣을 수 있는 대상이 아니었다. 내가 겪은 두 번째 한계의 주원인은 인간이 공개하기를 거부한 '정보'였다.

3. 우주

"문 박사님! 이것 좀 보시겠어요?"

최영준 박사가 내민 사진에는 별들 사이로 흐릿한 점 하나가 겨우 모습을 드러냈다.

"몇 년 전 제가 분출 현상을 발견한 에케클러스(Echeclus)예요."

"그렇군요."

"몇 년 잠잠하다가 또 분출이……."

2000년 처음 발견되었을 당시 이 천체는 소행성 '2000 EC98'이라고 불렸다. 꼬리나 가스가 보이지 않았기 때문이다. 그러다가 2005년 말에 분출이 일어난다는 사실을 알아낸 최 박사는 이를 국제 학계에 보고했으며, 에케클러스는 혜성의 일종인 센타우루스 천체(Centaur objects)로 다시 분류됐다.

이놈은 왜 간헐적으로 활동성을 보이는 것일까?

우리는 소백산 천문대 망원경으로 그 '괴물'을 찍어 보기로 했다. 밝기를 측정해 스펙트럼을 촬영할 수 있는지 판단하기 위해서였다. 곧 폭발 원인에 대한 실마리를 얻을 수 있을지도 모른다. 하지만 CCD에는 아무 것도 찍히지 않았다. 소백산 천문대 망원경에 비해 에케클러스가 어두운데다 날씨도 우리 편이 아니었다. 다음 날, 미국 애리조나 주 레몬 산 천문대 망원경으로 원격 관측을 시도하자 뿌얀 가스가 확연히 모습을 드러냈다.

모니터에 영상을 띄워 놓고 우리는 어린애처럼 좋아했다. 뒤이어 우리는 의논 끝에 외국 대형 망원경에 관측을 제안하기로 했다. 제안서를 준비하는 동안 최 박사는 전화와 이메일을 여러 통 하더니, 용케도 망원경 시간을 배정받은 다른 연구원과 보현산 천문대의 관측 일정을 바꾸는 데 성공했다. 이튿날 그는 보현산으로 떠났다. 그러나 사흘 내내 하늘은 그를 돕지 않았다. 비라도 퍼부어 주면 미련 없이 포기하련만, 구름이 오락가락하는 밤은 관측자들에게는 차라리 '죽음'에 가깝다. 밤을 포기하고 청하는 잠이 달콤할 리야 없겠지만, 그도 저도 아닌 구름이 오락가락하는 상황이라면 차라리 가슴 졸이며 까만 밤을 하얗게 지새우는 편을 택하는 것이 관측자의 운명인 것을.

에케클러스는 별이 초롱초롱한 밤이라 해도 보현산 천문대의 분광기로는 수천에서 수만 시간 노출을 주어야 의미 있는 신호를 겨우 얻을까 말까 하는 천체였다. 칠흑 같은 밤 남태평양에서 작은 난파선 하나를 찾는 것이나 다름없었다. 너무 어두웠다. 레몬 산에서 얻은 밝기는 16등급. 보현산 분광기의 검출 한계에 딱 걸려 있었다. 그는 며칠 만에 축 늘어진 어깨와 빈손으로 돌아왔다.

우리가 그 희미한 신호라도 붙잡으려 했던 것은 대형 망원경 시간을 신청하려면 어떤 과학적 성과를 얻을 수 있는지 구체적으로 증명해 보여야 하기 때문이다. 이 글이 실릴 때쯤이면 망원경 시간 신청서가 접수돼 심사 중이거나, 아니면 (우리가) 시간을 따 냈는지 실패했는지 결정 났을 것이다. 이 연구가 막다른 골목에 이를지, 천문학적으로 의미 있는 결과를 얻는 데 성공할지 예단하기는 아직 이르다. 한계를 극복하려는 노력은 절대로, 아랫목이나 푹신한 소파에 몸을 기대지 않는다. 에케클러스는 아직 천문학 교과서에조차 실리지 않은 미지의 천체다. 그렇기 때문에 우리가 이제 막 시작한 일은 새롭고 도전적인 과제임에 틀림없다.

자연은 자신의 비밀을 단숨에 알려 주지 않는다. 밤하늘의 별들과 만물과 우주가 우리를 들뜨게 하는 이유다. 누구나 단방에 깨달을 수 있는 그런 것이었다면 그렇게 많은 과학자가 온 생애를 바쳐 공부할 필요가 있을까. 깎아지른 절벽을 기어오르는 암벽 등반가와 칠흑 같은 어둠 속에서 한 가닥 빛을 찾는 과학자 사이에 공통점이 있다는 비유에, 그래서 나는 공감할 수밖에 없다.

문홍규 | 한국 천문 연구원 책임 연구원
어려서부터 천문학에 관심이 많아 과학책 읽기와 별 보기를 즐겼다.
연세 대학교에서 천문학 전공으로 박사 학위를 취득했으며 1994년부터 한국 천문 연구원에서 근무하고 있다. 2006년부터 UN 평화적 우주 이용 위원회 AT14 근지구 천체 분야 한국 대표로 일하고 있으며, 2009 세계 천문의 해 한국 위원회 사무국장 겸 대표로 활동했다. 현재 태양계 소천체 연구와 우주 감시 프로젝트에 동시에 참여하고 있다.

3부

인간

여기 존재하는 어떤 경계에 대해

정소연 | SF 작가

1.

이주민 150만 시대라고들 한다. 번화가나 지하철에서 외국어로 이루어지는 대화를 듣거나 외국인을 마주치는 일은 이제 놀랍지 않다. 외국인의 모습을 금발에 푸른 눈으로만 상상하는 것도 촌스럽게 여겨진다.

한국 거주 이주민의 전형적인 상(stereotype)은 몇 가지로 나뉜다. 미국인, 흑인 미군, 동남아댁, 외국인 노동자, 러시아 아가씨, 유학생 정도가 있겠다. 물론 실제로 저 키 크고 피부색이 옅고 지하철역에서 영어를 유창하게 하는 사람이 미국에서 왔는지 이탈리아에서 왔는지는 모를 일이다. 이주민이 어차피 거대한 미지인 한, 전형은 단지 지칭일 뿐 설명이 아니다.

2.

나는 이런 전형 중 한 부분을 차지하는 동남아댁, 제대로 다시 말하자면 결혼 이주 여성에게 한국어를 가르치고 있다. 단기 거주자를 포함하면 180만 명에 이른다는 한국 내 이주민 중, 결혼으로 입국해 한국에 정착했거나 정착을 시도하고 있는 이주 여성은 약 16만 명이다. 혼인 신고의 25퍼센트 이상이 국제결혼인 지역도 있다. 한국어를 가르치고 있다고 하면 친척 중 누가, 우리 회사 노총각 누구누구가 베트남 처녀나 중국 아가씨와 결혼했다는 이야기를 심심찮게 듣는다. 그러나 많은 한국인에게 국제결혼은 전형의 영역이다. 몸집이 작고 피부가 조금 더 까무잡잡한, 성품이 순하고 가난하고 고향에 부모·형제·자매가 여럿 딸린 젊은 여자가 돈 많은 나라에서 살기 위해 중매 업체를 통해 나이 많은 한국 남자와의 결혼을 선택했다는 정도로 쉽게 정리된다.

이 편리한 정형화는 우리가 사실은 많은 것을 모르고 있는 현실을 쉽게 가린다. 우리는 베트남이나 필리핀, 태국, 캄보디아를 미국이나 일본만큼 알지 못하고, 이들이 어떻게 한국에 와서 어떻게 사는지도 모른다. 한국에서 태어나 한국에 사는 이상, 경계를 넘어 삶의 터전을 옮기는 것이 어떤 경험인지도 모른다.

몇 주 전 작년부터 줄곧 함께 공부하던 학생 한 분이 그만두었다. 한국 텔레비전을 보면서 들리는 대로 받아 써 사전을 찾아본 다음 뜻이 통하지 않으면 쉬는 시간에 물어볼 정도로 한국어 공부에 열성이던 분이었다. 이유는 돈이었다. 원래 아프던 남편이 심하게 앓아 누워 일을 전혀 하지 못하게 되었다. 어린이집에도 아직 맡기지 못할 정도로 어린 딸도 있다. 그는 일거리를 찾기 위해 몇 주를 돌아다니더니, 결국 어느 공장에서 일주일에 엿새를 일하게 되었다며 연말에 인사를 왔다. 아기는 맡길 데가 없으니 집에 두고 다닌다. 그의 모국은 오랜 시간 내전에 시달렸다. 수십만 명이 죽었다. 그는 한국어로

'하인'이라고 해야 할 때 '군인'이라는 말을 자주 한다. 선편 우편이 한 달 걸리는 고향의 어머니와 예전에는 편지를 주고받았지만, 있으면 자꾸 다시 읽게 되니까 슬퍼서 이제 편지는 쓰지 않는다고 했던 그는 나와 동갑이다.

여름에도 일 때문에 공부를 그만둔 분들이 있었다.

시급 5천 원을 받으며 저녁에는 설거지를 하고 새벽에는 빵집 청소를 하던 E 씨는 안 아픈 곳이 없었지만, 장애인인 남편과 둘이 먹고살려면 필사적으로 일해야 했다. 그나마 영주권자라 가능한 일이었다. 우리는 함께 한국어 능력 시험 준비를 했다. 한번은 중급 수준인 3급 기출문제에 '아침 식사 합니다.'라는 지문이 나왔다. 식당의 광고지였다. E 씨는 이 지문을 보고 "아침 식사, 다른 말 있어요. 조⋯⋯?"라고 물었다.

"아, 조식이요?"
"네, 조식, 다른 밥도 있어요. 뭐라고 해요?"

나는 '조식, 중식, 석식, 야식'을 쓰고 한자어라고 설명했다. 한국인은 1일 3식을 기본으로 하기 때문에 조식, 중식, 석식은 밥이지만 야식을 먹었을 때는 보통 밥을 먹었다고 하지 않는다고 덧붙였다. 그러자 E 씨가 말했다.

"저는 매일 야식 먹어요. 빵집, 새벽 3시까지 가야 해서, 2시에 밥 먹어요. 야식 안 먹으면 못 버텨요."

그러나 그 일로도 E 씨는 생계의 경계를 넘을 수 없었고, 남편의 병을 수발드는 사이에 그나마 있던 청소 일자리도 잃었다. 그는 결국 일주일에 한두 시간의 공부 대신 밥벌이를 하러 갔다.

E 씨와 함께 공부하던 R 씨는 중국 한족이었다. 중국에서는 이제 한국으로의 국제결혼 때문에 혼인 가능한 '조선족 처녀'를 찾아보기 어렵다. 중개 업체에서는 한족도 생김새가 비슷하니 괜찮다며 한국 남성과 부모들을 설득한다. 아이를 둘러업고 한참 먼 센터까지 한국어 공부를 하러 오던 그도 귀화하자마자 공부를 그만두었는데, 운전면허를 따기 위해서였다. 한국에서는 운전면허가 있어야 더 많은 돈을 벌 수 있으니까 면허를 먼저 따겠다고 했다. 2주 동안 무단결석을 한 다음 화사한 초록색 원피스를 입고 번쩍번쩍 큐빅이 잔뜩 달린 값싼 가방을 들고 나타난 그는 가슴을 두드리며 말했다. 시아버지가 전화 빼앗았어요. 아무 데도 연락 못 하게 했어요. 그래서 결석한다고 말 못 했어요. 선생님 미안해요. 하지만 나도 못 참아요. 나도 이만큼 쌓였어요. 나 더 예쁘게 할 거예요. 안 예쁘면 일도 못 구해요. 돈 못 벌어요. 부모와 함께 사는 그의 남편은 수입이 없다. 한국 못지않게 돈과 학력이 계급이 되어 가는 나라에서 온 그는 아이를 공부시키려 필사적이었다. 학교에 갈 나이가 다가온 아들이 학원까지는 못 가도 학습지라도 하나 해서, 이 나라에서 가난하지 않기를 바랐다.

많은 송출 국가에서 결혼 중개업은 불법이다. 한국에서는 돈을 내고 결혼 중개 업체에 가입해서 프로필을 받고 마음에 드는 이성을 만나 보는 일이 여상이지만, 전체 국제결혼의 60퍼센트가 한국 남성과의 결혼이라는 캄보디아에서도, 한국 국제결혼 배우자 수 1위인

베트남에서도, 가톨릭 국가인 필리핀에서도 중개 업체를 통해 돈을 내고 사람을 소개받는 결혼은 애당초 허용되지 않는다.

그렇다면 우리나라에 지금도 오고 있는 수천 명의 이주 여성들은? 현지법을 위반하거나, 뇌물로 우회하거나, 서류를 조작하는 데 성공한 한국 업체들의 성과(?)인 경우가 적지 않다. 캄보디아에서는 한국 업체의 위법 행위가 너무 심해져서 한국인 남성과의 결혼에 비자를 내 주지 않은 적도 있다. 결혼이 워낙 많다 보니, 최근에는 아는 사람을 통한 중매라는 합법적인 경로로도 이주가 이어진다.

얼마 전에 새로 온, 스물이 채 안 된 베트남 새색시도 아는 사람의 중매로 한국에 왔다. 어찌어찌 한국에 오긴 했으나 한국어를 전혀 모르니 2달 정도 집안에 갇혀 있다시피 했단다. 집 밖에 나가기도 겁나고, 남편이나 시부모와 의사소통도 불가능했다. 답답함을 견디다 못한 시아버지가 며느리 손을 잡고 센터에 왔다. 베트남에서 공장 일을 했던 그는 가사를 할 줄 모른다. 세간의 또 다른 편견과 달리, 베트남은 사회주의 국가이기 때문에 신부 수업 같은 것이 없다. 많은 베트남 출신 이주 여성들은 사회에 나가 일하는 것을 당연하게 생각하고 전업주부의 삶에 극심한 스트레스를 받는다. 그는 이제 연필 한 자루, 나무 한 그루 같은 한국어를 10번씩 쓰기 시작했다.

3.

나는 내게는 보이는 사람이 다른 사람에게는 마치 투명 인간인 것처럼 보이지 않는 경험을 한다. 학생들과 함께 지방에 여행을 간 적이 있다. 한국 문화 체험 프로그램이었다. 우리는 함께 싸 간 과자, 라오스 간식이라는 튀긴 돼지고기, 농촌 체험에서 캔 감자를 먹었고, 어린아이들을 데리고 놀았다. 그런 다음 이들에게 한국의 문화 유적을 설명했다. 그동안 이주민이 아닌 나에게 시선이 향하는 십 수 명의 사람들을 만났다. 종종 있는 일이다. 물건을 사러 갔는데 가격을 물어도 팔아 주지 않아서 못 샀다거나, 병원에서 자기보다 뒤에 온 사람을 계속 먼저 들여보내 항의하고 나서야 간신히 진료를 받았다거나, 영주 자격 신청에 필요한 진단서를 떼기 위해 아침 10시에 갔는데 종일 무시당하고 4시에야 종이 쪼가리 1장을 받아 나올 수 있었다는 이야기를 나는 듣는다. 그들은 눈앞에서 "외국인 귀찮아." "싫어." "답답해." "가난한 것들." 이런 말을 듣는다. 베트남, 필리핀, 캄보디아, 태국 등 아시아 국가마다 모두 자기 나라말이 있으니 베트남 사람과 캄보디아 사람을 한데 모아 둔다고 대화할 수 있는 것이 아닌데도, 그냥 한국인이 아닌 사람들의 덩어리로 생각해 '이주 여성'들끼리 알아서 이야기하겠거니 하고 행사를 진행하는 경우도 있다.

여기에 잔혹한 악의는 없다. 무지와 경계가 있을 뿐이다. 눈앞에 있는 한국어가 서툰 이들이 나보다 훨씬 더 다양한 문화를 경험했고, 더 넓은 공간을 이동했을지도 모르고, 그런 결단을 내릴 수 있는 사람이라는 사실을 간과하기란 얼마나 쉬운가. 낯선 대상을 정면으로 마주할 때 반사적으로 나타나는 당황한 표정. 무의식적으로 나를 향하는 시선. '같은 편'인 한국인의 확인을 구하는 눈짓. 말로 하지 않기 때문에 오히려 모두가 알 수 있는 우리와 너희 사이의 경계. 그러나 그 경계는 말로 남지 않기 때문에 그 자리에서 다시 흩어지고, 물리적인 경계를 넘어 여기에 온 어떤 사람들은 무지라는 또 다른 경계를 만난다. 아무리 많은 사람이 섞여 살아도, 그 전체가 우리 사회의 경계 밖에 있는 거대한 미지의 덩어리로만 받아들여진다면 그들은 우리와 함께 존재하지 못할 것이다.

4.

작가라고 자신을 소개해야 하는 일을 시작하고서 나는 무엇에 대해 쓰고 싶은지 오랫동안 생각했다. 요즈음은 언어가 부여되지 않은 경계 너머를 말하고 싶다. 한국 사회를 공고하게 둘러치고 있는 경계의 안으로 아직 충분히 말이 되지 못한 이야기들을 끌고 올 수 있다면 좋겠다. 전형의 안에 수십만 명의 삶이 요동치고 있다. 나는 어떤 무지는, 당사자의 책임이 아닐지라도, 올바르지 않다고 믿는다.

　나와 한국어를 공부한 분들은 아마 이 글을 읽지 않을 것이다. 생활 한국어를 겨우 익히느라 바쁜 이들에게는 그만한 여유가 없다. 그러나 나는 당신에게, 모국어로 이 글을 읽고 있는 당신에게 말하고 싶었다. 지금 이 순간에도 여기 존재하는 어떤 경계에 대해.

정소연 | SF 작가

서울 대학교에서 사회 복지학과 철학을 전공하고, 소설가이자 번역가로 활동하고 있다. 2005년 과학 기술 창작 문예에서 스토리를 맡은 만화 『우주류』로 가작을 받았고, 제48회 서울 대학교 대학 문학상에서 가작을 수상했다. 『백만 광년의 고독』, 『잃어버린 개념을 찾아서』, 『한국 환상 문학 단편선』 등에 작품을 실었으며, 옮긴 책으로는 『저 반짝이는 별들로부터』, 『어둠의 속도』, 『노래하던 새들도 지금은 사라지고』, 『망고가 있던 자리』, 『루나』 등이 있다. 문지 문화원 사이에서 '사회 문학으로서의 과학 소설 —SF와 마이너리티'라는 강좌를 진행했다.

다양성 영화와 상업 영화의
절벽 같은 경계

정지우 | 영화감독

1.

우연히 길에서 반가운 사람을 만났다.

'문화 학교 서울'부터 시작하여 오랜 시간 독립 영화를 만들고 배급하며 지켜 온 독립 영화계의 산증인, 조영각 서울 독립 영화제 집행 위원장이다. 장편 영화 데뷔를 하기 전 '영화제작소 청년'에 근거를 두고 독립 영화를 만들던 시절에 나와도 친분이 있었던 오랜 친구 같고 동료 같은 사람이다. 그는 "독립 영화 「혜화,동」의 관객 1만 명 돌파 기념 파티에 간다."라고 말했다.

속으로 찔끔했다. 「혜화,동」을 만든 민용근 감독은 '영화 제작소 청년'에서 함께 단편 영화를 만든 적이 있는, 나와 연이 깊은 후배이고, 「혜화,동」 개봉에 즈음해서는 시사회 초대 문자도 몇 차례나 받았던 터였는데, 아직 영화를 못 보았기 때문이다.

2.

마음을 몇 번 먹긴 했었다. 그런데 어떤 때는 상영관이 동선과 많이 어긋나서 포기했고 어떤 날은 또 시간이 맞지 않아서 보질 못했다.

　독립 영화의 개봉 방식은 상업 영화처럼 상영관 몇 백 개를 확보하여 매일 여러 회 상영하는 형태가 아니다. 소수 극장에서 개봉하고, 그것도 한 관에서 다른 영화와 번갈아가며 상영하거나 혹은 하루 한두 회만을 상영하는 교차 상영(영화계에서는 이것을 '퐁당퐁당 상영'이라고 한다.)으로 이루어진다. 이는 「혜화,동」만이 아니라 대부분의 독립 영화에게 '주어진' 상영 방식이다.

　때문에 관객들이 독립 영화를 극장에서 관람하기 위해서는 상업 영화보다 훨씬 수고를 들여 시간과 동선을 조절해야 하므로 의지가 여간 강하지 않고서는 놓치기 십상이다. 나 역시 그렇게 두어 번 허탕 친 후에 아직 보지 못한 상태였던 것이다. 물론 시나리오 작업에 들어가면 다른 영화를 잘 보지 못하는 나의 습관 탓이 가장 크다. 지지하는 후배 감독인데, 부지런히 움직이지 못한 책임이 크다 싶어서 마음이 편치 않았다.

3.

조영각 씨는 "독립 영화로 1만 명이면, 상업 영화로는 500만 명 동원한 수준인 것."이라고 웃으며 덧붙였다. 감독과 배우는 물론 독립 영화를 지원하는 많은 이들이 퐁당퐁당 상영이라는 어려운 환경에서도 연일 '관객과의 대화' 등의 이벤트를 하며 이룬 값진 성과임을 알기에 축하하는 마음이 가득했지만, 한편으로는 독립 영화와 주류 상업 영화 사이에 가로놓인 경계가 느껴져 아득한 기분이 드는 것 또한 어쩔 수 없었다.

　"관객 1만 명을 돌파하여 축하 파티를 연다."나 "독립 영화 1만 명이면 상업 영화 500만 명이다."라는 말이 무슨 뜻인지 일반인은 표현 자체를 이해하기 힘들 수도 있겠다. 제작비 2억 원의 독립 다큐멘터리 「워낭소리」가 300만 명에 가까운 관객을 동원하고, 감독이 사재를 털어 만들었다는 독립 영화 「똥파리」가 50만 명 이상의 관객을 동원했다는 등 독립 영화의 성공 사례만을 매스컴으로 접했던 이라면 더욱 생뚱맞게 들릴 것이다. 그렇다면 실제로 독립 영화의 관객 1만 명과 상업 영화의 관객 500만 명은 같은 수준일까? 1만 명이 성공의 기준이라면, 그 성공은 해당 작품이나 관련자에게 어떤 대가와 희망을 가져다줄 수 있을까?

4.

이해를 돕기 위해 2010년의 상황을 예로 들어 설명해 보고자 한다. 영화 진흥 위원회 집계에 따르면 2010년 1월 1일부터 12월 31일 사이에 극장 개봉된 한국 영화는 공식적으로 총 140편이었고, 이 중에서 다큐멘터리, 공연 실황물, 애니메이션 등을 제외한 극영화는 116편이다. 116편의 작품을 개봉관 순으로 나열한 목록을 들여다보면, 누구든 눈짐작만으로도 가상의 구분선을 발견할 수 있을 것이다. 개봉관 수 20개 이하의 작품이 하나로 묶이고, 개봉관 수 100개 이상의 작품이 다른 한 묶음을 이룬다. 그 사이에 흐르는 무형의 선은 주류 상업 영화와 비주류 영화 사이를 가르는 절벽과도 같은 '경계'이다.

표 1. 2010년 한국 장편 극영화 개봉작의 개봉관 수별 구분

구분	개봉관 수	편수	편수 비중	평균 개봉관 수	평균 관객 수	구분별 관객 합계	관객 수 구분별 비중
A	1~20	48	41.38%	6.89	1,617	122,057	0.18%
B	21~99	11	9.48%	46.90	25,139	276,531	0.40%
C	100~300	27	31.90%	206.37	421,669	15,601,739	22.81%
D	400 이상	30	17.24%	458.30	2,620,114	52,402,277	76.61%
전체(합계)		116	100.00%	589,678	589,678	68,402,604	100.00%

위 표에서 (딱 구분되지는 않지만 대략) A는 대부분 독립 영화이다. B는 저예산으로 만든 상업 영화와 소수의 독립 영화가 섞여 있고, C는 주로 저예산 상업 영화, D는 주류 상업 영화이다. 독립 영화나 예술 영화 등 배급·상영에서 비주류 처지에 놓이는 영화들을 통칭하는 단어인 '다양성 영화'라고 부를 수 있는 작품들이 A와 B이며, C와 D는 명백히 '상업 영화'이다. 편수로 절반인 57편의 상업 영화가 전체 관객 수의 99.42퍼센트를 점유한 반면, 다른 절반인 59편의 다양성 영화는 그 200분의 1 수준인 0.58퍼센트만을 나눠 가지고 있음을 알 수 있다.

전체의 절반을 차지하는 다양성 영화 중에서 1만 명 고지를 넘어선 작품은 홍상수 감독의 영화 2편(「하하하」(56,323명), 「옥희의 영화」(35,970명))과 김종관 감독의 1편(「조금만 더 가까이」(11,688명)이 전부다.

더 세심하게 살펴보면 세 작품 모두 상업 영화에서 주연급으로 활동 중인 스타급 배우들이 출연했다는 공통점이 있다. 바꿔 말해, 다양성 영화라도 스타급 배우가 (파격적인 출연료 삭감을 감행하고!) 참여하는 특수한 조건이 마련되지 않는 한 1만 명 동원조차 불가능하다

는 결론이다. 그런 면에서 스타급 배우도 없고 감독 또한 신인급에 속하는 「혜화,동」과 「무산일기」의 1만 명 돌파는 이례적인 성공으로서 기립 박수를 받을 만한 '사건'이다.

다른 절반인 상업 영화 중에서 500만 명 이상을 동원한 영화는 「의형제」와 「아저씨」 2편이니, 과연 독립 영화의 관객 1만 명 돌파는 상업 영화의 500만 명 돌파와 같은 수준이라 할 만하다. 그런데 두 성공은 서로 다를 바 없는 같은 성공일까?

5.

보통 영화 관람료를 8,000원 지불했을 때 (극장 몫과 세금, 배급 수수료 등을 제외하고) 작품 수입은 1인당 약 3,500원이 된다. 즉 500만 명을 동원하면 175억 원이다. 총 제작비가 약 60억에서 80억 원(순 제작비 30~50억 원, 마케팅과 배급비 20~30억 원) 소요된다고 했을 때, 200퍼센트 전후의 이익을 거두는 셈이 된다. 결코 쉽게 이뤄지는 성공은 아니지만, 적어도 상업 영화의 '성공'은 그 열매가 탐스럽다. 투자사와 제작사는 돈을 벌고 감독은 순조롭게 다음 작품을 준비할 수 있으니까.

독립 영화는? 1만 명을 동원하는 성공을 거두었다고 해도 불과 3,500만 원을 벌어들일 뿐이다. 제작비는 차치하더라도 개봉 비용도 채 회수하지 못하는 적자이다.(수입 외화를 비슷한 규모로 개봉할 때 필름 프린트비, 포스터 전단 등의 인쇄/배송비, 예고편 제작비, 언론 홍보 관련 시사회 비용 등을 알뜰하게 책정하면 약 4~5천만 원이 든다고 한다. 여기에 광고비는 포함되지 않는다.) 자비를 털어 영화를 만든 감독에겐 빚만 남을 뿐이다. 혹시 영화제에서 상을 받아 상금이 생기면 적자 폭이 줄어들 것이다. 방송이나 다운로드 시장 등의 부가 판권으로 적자를 만회할 수 있겠지만, 다음 작품을 위한 노력은 출발선에서, 아니 더 열악한 조건에서 다시 시작해야 한다. '마의 1만 관객' 선을 넘어섰다는 것은 축하할 일임이 분명하나 그 축하조차 위로의 다른 표현이 될 수밖에 없는 것이 엄연한 현실이다.

6.

되돌아보면 극장으로 가는 길 노점상에서 팔던 오징어와 군밤이 극장 안으로 가져갈 수 없는 음식이 되고, 좌석 손잡이 양편에 콜라와 팝콘을 내려놓을 수 있는 고급스럽고 휘황찬란한 복합 상영관(multiplex)이 본격적으로 시작된 2000년 여름부터 한국 영화는 달라지기 시작했다.

단관 개봉으로 100만 명을 동원했던 「서편제」 시절에 관객들은 보고 싶은 영화를 보려고 단성사, 피카디리 극장, 서울 극장으로 외출을 주저하지 않았고 서로 다른 영화 간판을 건 극장 앞에 길게 줄을 섰다. 그러나 이제 관객들은 동네까지 들어와 있는 CGV나 롯데 시네마를 찾아가 최신 화제작을 편한 시간에 골라 본다. 관객의 습관은 영화에 따라 극장을 고르는 것이 아닌, 극장에 가서 영화를 고르는 식으로 변했다. 그렇게 10여 년이 흐른 지금 영화 산업에서 창작자(제작자, 감독)는 무기력해졌고, 권력은 유통(배급사, 극장)에 완전히 넘어갔다.

극장 체인을 보유한 대기업 계열 배급사는 '유통'을 최우선으로 고려하여, 세계인의 입맛에 맞춘 맥도날드 햄버거처럼 '범용의' 재미를 가진 영화를 우선으로 선택하고 개봉일에 맞춰 20~30억의 마케팅 비용을 집중 투입하면서 전국 방방곡곡 300~1,000개 스크린에서 동시 상영한다. 관객도 어느새 이에 길이 들어서 인근 극장에서 편한 시간에 최신 개봉작을 고른다.

범용의 재미가 아닌, 삶의 본질과 인간 본성에 대한 탐구와 미학적으로 새로운 시도를 원하는 창작자나 관객의 욕구가 어디에서도 숨 쉴 수 없는 척박한 시스템이 이미 고착되어 있다.

이 땅에서 유통이 생산을 지배하는 상황이 비단 영화만은 아닐 것이다. 독특하고 맛있는 빵을 만들던 동네 어귀 빵집이 파리바게뜨와 뚜레쥬르에 밀려 사라지고, 이마트와 홈플러스, 롯데마트 등의 대형 상점과 슈퍼마켓 체인이 동네 구멍가게부터 재래시장까지를 없애는 과정과 우리 극장의 변천사는 붕어빵처럼 닮아 있다.

7.

이대로라면 독립 영화를 통해 자신의 세계와 연출력을 검증받은 감독 앞에 주어진 미래는 둘 중 하나일 수밖에 없다. 상업 영화에 뛰어들거나, 무보수의 독립 영화를 지속하거나.

전자를 택하면 자기 세계의 일부 또는 전부를 포기할 각오를 해야 한다. 유통이라는 칼자루를 쥔 투자 배급사에게 모든 극장에 상영할 수 있는 검증된 재미(더 웃기거나, 더 울리거나, 더 무섭거나, 더 자극적인)를 가진 상품을 만들기를 요구받을 것이다. 예술의 창작자로서 담고 싶은 인간 본성에 관한 성찰, 삶을 닮은 모호성, 독특한 정서나 소수의 시선? "그런 건 됐고, 더 많은 관객을 불러들이기에 알맞은 확실한 클라이맥스와 더 분명한 결말이 필요하다."라는 요구에 맞춘 주문 생산품에 골몰하게 될 것이다. 맞춤 생산의 기술이 느는 만큼 고

유함, 개성, 내면의 성찰은 빛을 잃는다. 후자를 택하면? 자신의 세계를 당장은 놓치지 않을 수 있겠지만, 직업을 갖고 있되 무직자와 다를 바 없는 불안정한 삶을 견뎌 내야 할 것이다.

8.

이대로라면 영혼을 깨우는 영감을 선사하고 우리 사회와 삶을 성찰케 하는 영화는 점점 희귀해질 뿐이다. 그렇게 되지 않도록 시스템에 변화를 일으키는 건 쉽지도 간단치도 않은 일이다. 아니, 거의 불가능해 보인다.

경계는 선(線)이 아니다. 선(線)이라면 '뛰어넘는 꿈'이라도 꿀 수 있어야 한다.

경계는 코끝까지 다가온 절벽 같다.

독립 영화의 내면을 가지고 상업 영화를 시작한 지 10여 년이 된 내가 네 번째 장편 영화를 준비하는 심정…….

두렵다.

정지우 | 영화감독

1968년 서울에서 태어나 한양 대학교에서 영화를 전공하였고, 「사로」, 「생강」, 「배낭을 멘 소년-인권 영화 다섯 개의 시선」 등의 단편 영화와 4편의 장편 영화 「해피엔드」, 「사랑니」, 「모던 보이」, 「은교」를 쓰고 감독하였다. 이 글은 네 번째 장편 영화 「은교」를 만들기 전에 쓴 것이다.

현실과 가상의 경계에서
미지의 나를 만나다

도영임 | KAIST 문화 기술 대학원 교수

1996년 우리나라에서 세계 최초의 그래픽 온라인 게임 '바람의 나라'가 서비스를 시작한 후, 어린아이뿐만 아니라 수많은 어른이 온라인 게임에 빠져들었습니다. 그로부터 10년이 흐른 2006년, 오랫동안 성인기의 정체성 변화 과정을 공부해 왔던 저는 온라인으로 주의를 돌리게 됩니다. "온라인 게임 세계에는 지금 어떤 변화가 일어나고 있는 것일까?"

사람들이 게임을 즐기는 이유도 궁금했지만, 무엇보다도 성인들이 삶에, 특히 자기 정체성에 대해 가진 인식이 게임을 통해 어떻게 달라질지 궁금했습니다. 마침 때도 좋았습니다. 새로운 기술이 도입되고 10년이 지나면 기술이 생활 속에 파고들면서 사회·문화적 변화가 자연스럽게 일어납니다. 기술에 바탕한 생활 양식이 다양해지고 변화가 더는 낯설지 않게 여겨지므로, 기술이 사람에게 미치는 영향과 의의를 관찰하기 좋은 시기인 것입니다.

2007년 몇몇 신문은 국내 온라인 게임 사용자 중 30~40대 연령층이 많아지고 있다고 보도했습니다. 아동과 청소년의 전유물로 여겨졌던 게임 세계에 사실은 상당히 많은 성인이 참여하고 있었던 것입니다. "이 어른들은 지금 여기서 무엇을 경험하고 있는 것일까?" 연구를 시작한 후 제 궁금증은 날이 갈수록 커졌습니다. 그들의 경험을 이해하기 위해 선행 자료를 뒤졌지만, 수박 겉핥기에 지나지 않았습니다. 결국 저는 게임에 직접 뛰어들었습니다. 실제로 겪는 것처럼 좋은 이해 방법은 없다고 여겼던 것이지요.

갖가지 유형의 온라인 게임 중에서 제가 택한 것은 다사용자 온라인 역할 놀이 게임(massive multiplayer online role-playing game, MMORPG)이었습니다. MMORPG는 온라인 네트워크로 이루어진 가상 세계 안에서 자신의 캐릭터를 성장시키면서 많은 사람과 어울려 생활하는 게임입니다. 가상 세계의 장점은 현실에서 불가능한 일을 할 수 있다는 것입니다. MMORPG에서 사용자들은 마법사나 전사처럼 현실에서 경험할 수 없는 직업을 갖고 활동을 합니다. 거리가 멀어 직접 만날 수 없는 사람들과 새로운 인간관계를 맺기도 합니다. 한편으로는 가족이나 친구처럼 현실에서 예전부터 관계를 맺던 사람들과 게임을 함께하며 더욱 친밀해지기도 합니다.

관찰자에서 참여자로 역할과 관점을 바꾸고 나니 많은 점이 새롭게 다가왔습니다. 그중 가장 놀라웠던 일은 게임 캐릭터에 비추어 저 자신의 모습을 더 쉽고 분명하게 바라보고 이해할 수 있었다는 것입니다. 또한, 다른 사람들의 모습도 캐릭터를 통해 더 쉽게 살펴볼 수 있었습니다. 그 과정에서 저는 게임 세계가 현실과 다름없다는 점을 발견했습니다. 게임은 현실 생활의 축소판이었던 것입니다.

많은 회사가 '판타지 같은 생활을 할 수 있는 가상의 멋진 신세계'를 제공한다고 온라인 게임을 광고하지만, 사실은 그렇지 않습니다.

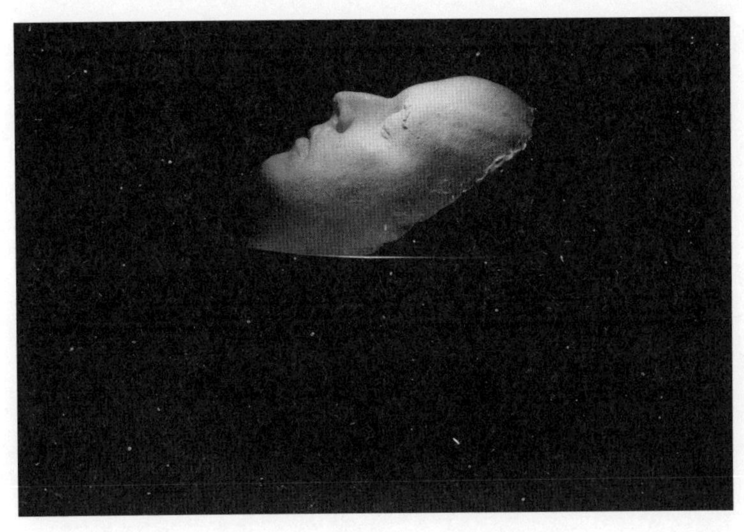

직접 게임을 하면서 관찰하고 인터뷰해 보니 사람들은 게임 속에서도 현실과 마찬가지로 열심히 일하고, 다양한 사람과 관계를 맺고, 나름의 방식으로 삶을 살아갑니다. 때로는 성공하고 성취하기 위해 현실보다 더 치열하게 노력합니다. 온라인이나 현실이나 사람들이 살아가는 모습이 동일하다면 상당한 비용과 시간을 들이며 여기에 몰두하는 이유는 과연 무엇일까요?

첫째, 먼저 30~40대 연령층이 처한 사회·문화적 맥락을 살펴볼 필요가 있습니다. 이들은 우리나라에서 사이버 공간을 생활 공간으로 자유롭게 활용하기 시작한 첫 세대입니다. 1970년부터 1979년 사이에 출생해 '자율화 세대'나 'X세대'라는 별명을 가지고 있습니다. 유년기에 오락실에서 다양한 게임을 경험했고 디지털 게임 문화의 도입·성장과 함께 자라난 '게임 키드'이기도 합니다. 성인 입문 시기인 청소년 후기와 성인 초기에 정보화와 인터넷이라는 새로운 기술 문화를 경험했으며, 인터넷이 상용화되기 전에는 PC 통신으로 다른 사람들과 적극적으로 '접속'한 세대입니다. 이들은 개인의 관심과 다양한 인간관계 경험을 현실에서 사이버 공간으로 확장하고 새로운 디지털 생활 문화를 만들고 뿌리내리는 데 기여한 세대라고 볼 수 있습니다. 따라서 게임에서도 자연스럽게 중요한 소비자로 자리 잡았고 이전 세대와 달리 여가 활동으로 온라인 게임과 같은 디지털 문화를 즐깁니다.

둘째, 인생 주기와 여가의 관련성 또한 생각해 볼 수 있습니다. 어떤 사람이 삶의 어떤 단계에 와 있는지를 알고, 그 지점에서 무엇에 가장 신경을 많이 쓰는지를 이해하면 그가 왜 그 놀이나 여가를 택하는지 알게 됩니다. 한 사람이 맞닥뜨린 인생의 문제는 관심과 흥미를 불러일으키는 핵심 동인이 됩니다. 그는 그러한 관심과 흥미를 충족하는 활동에 참여함으로써 깊은 즐거움을 느낄 수 있습니다.

생애 발달 주기로 볼 때 30~40대 연령층은 성인 초기에서 안정기를 거쳐 중년의 전환기를 앞둔 사람들입니다. 20대 후반 즈음에 이미 성인기 인생을 설계하면서 직업, 결혼, 주거, 삶의 양식 등을 선택했고, 이러한 선택은 성인 세계에서 각자의 위치를 정의하는 바탕이었습니다. 그들은 경제적 안정과 직업적 성공을 위해 최선을 다하고, 사회 구성원으로서 인정받기 위해 고군분투합니다. 결혼과 가족생활을 유지하고, 자녀를 양육하느라 많은 노력을 기울입니다. 당면한 삶의 문제들을 해결하느라 치열하게 고민하고, 가정과 직장에서 주어지는 다양한 기대에 대처하느라 고단하며, 경험 부족으로 시행착오를 겪기도 합니다. 이렇게 사회의 요구는 계속해서 늘어나지만, 어떻게 삶의 방향을 찾고 올바른 해답을 얻어야 할지 모호하기만 합니다. 현실의 삶이 고단하면 할수록 인간은 판타지와 이상향을 꿈꿉니다. 그러나 생계가 걸려 있으므로 멀리 달아날 수도 없습니다. 결국 가장 쉽고 편리하게 현실을 벗어나 숨을 돌릴 방법으로 컴퓨터 전원을 켜기만 하면 되는 온라인 게임 세계를 찾아가는 것입니다.

한 가지 흥미로운 사실은, 사람들이 게임 세계를 찾는 이유를 주로 무거운 삶의 과업을 벗어나 잠시 가지는 휴식에 두지만 정작 그 안으로 들어서면 현실 못지않게 많은 시간과 노력을 들여 활동한다는 것입니다. 게임 안에서 직업을 찾고, 돈을 벌고, 자기를 보여 주려고 노력하고, 가정이나 공동체를 꾸리고, 다른 사람들과 어울려 문제를 풉니다.

흔히 여가나 놀이는 인생에서 전혀 중요하지 않은 쓸모없는 활동이나 시간 낭비로 생각됩니다. 그래서 우리는 온라인 게임 세계를 할 일 없는 사람들의 은신처로 바라보았던 것입니다. 그러나 많은 성인 게임 사용자를 직접 만나 보니 전문직에 종사하는 직업인이거나 어린 자녀를 열심히 키우는 주부같이 건강하고 정상적인 삶을 살아가는 사람이 대부분이었습니다. 현재 처해 있는 상황이 어렵고 사회적 역할이 불분명한 사람들도 있었지만, 그러한 경우에도 자포자기해서 게임에 빠지기보다는 새로운 삶을 모색하기 위한 시간을 벌고 심리적인 유예 기간을 가지기 위해 이 공간을 활용하는 경우가 많았습니다.

이렇게 살펴본 결과, 온라인 게임 세계는 자기도 모르게 어른이 되어 버린 이들에게 삶의 목적과 가치를 실험하고 확인하는 제3의 공간으로 기능할 수 있음을 깨달았습니다. 게임 세계에서는 캐릭터의 모습을 통해 무의식적이거나 의식적으로 자신이 일하는 방식, 다른 사람과 관계를 맺는 방식, 자기가 추구하는 가치를 분명하고 구체적으로 바라보며 확인할 수 있기 때문입니다.

시대가 변하면서 현재의 30~40대가 이루어 내야 하는 삶의 목표 혹은 의미도 예전과 달라졌습니다. 살아가는 방식도 부모 세대와는 다릅니다. 평생직장에 기준을 두던 기존과는 다르게 여러 가지 직업과 정체성을 동시에 가질 수 있습니다. 평균 수명이 늘어남에 따라 성인기는 과거보다 무척 길어져서 최소 2번 이상 사회적 역할을 전환할 수 있습니다. 사회나 규범이 정의해 주던 성인기 삶의 보편적 양식은 무너졌습니다. 이제는 개인이 스스로 새로운 시대에 적합한 삶의 양식을 정의해야 합니다.

다양성이 미덕으로 여겨지고 있는 시대이지만, 현재의 30~40대는 그 수많은 가치 중에서 무엇을 추구하며 살아야 하는지 혼란스럽습니다. 어깨가 빠질 만큼 무거운 가방을 들고 학교에 다녔어도 삶에 대한 공부는 너무 부족했습니다. 사회에서 많은 것들을 경험하며 살아가지만, 정작 자신이 어떤 사람인지 깊이 성찰하고 이해해 본 적이 별로 없습니다. 무엇에 기뻐하고, 무엇에 슬퍼하는지, 어떤 삶을 열망하고, 어떤 순간에 행복한지, 삶을 모조리 걸어도 후회하지 않을 만큼 가치 있는 일이 무엇인지 질문한 적이 없습니다. 때가 되면 학교에 가고, 직장을 얻고, 결혼하고, 아이를 낳고 키우면서 자기도 모르는 사이에 어른이 되었던 것입니다.

그런 그들이 게임 세계를 경험하면서 깨닫습니다. "와! 나는 이런 걸 정말 좋아하는구나, 이럴 때는 한없이 즐겁고, 저런 때는 정말 화가 나는구나. 이런 말을 입버릇처럼 자주 하고, 다른 사람들과는 저런 방식으로 어울리는구나. 이런 일에는 밤을 새우면서 시간 가는 줄 모르고, 저런 때는 정말 여러 사람에게 뽐내고 싶구나." 이러한 심리적 경험은 게임 공간에서 캐릭터의 모습에 투영되는 나를 새롭게 만남으로써 자기 정체성과 존재감을 구체적으로 확인하는 작업입니다. 이러한 자기 발견을 근거로 현실 세계 속에서 삶의 목적과 가치에 대한 이해의 지평을 더 넓힐 수 있는 것이지요.

미국의 심리학자 에릭 에릭슨(Erik Erikson)은 저서 『아동기와 사회(*Childhood and Society*)』에서 '제3의 위치'라는 심리적 경계 지대를 이야기한 바 있습니다. 이것은 해야만 한다고 믿는 의무의 세계와 할 수 있기를 바라는 결핍의 세계 사이, 무언가를 원하지도, 해야 한다고도 느끼지 않는 마음의 영역을 말합니다. 자기를 지나치게 의식하지 않으면서 가장 '자기답게' 될 수 있는 마음의 상태를 뜻합니다.

　　현실에서 30~40대 성인들은 무거운 의무감에 짓눌리거나, 갖지 못한 것들을 바라는 욕망에 휩싸여 고통 받기 쉽습니다. 온라인 게임 세계 속에서는 다른 사람들과 어울려 놀면서 지금 그대로의 모습으로 자기의 가치를 인정받고 수용하는 제3의 위치를 심리적으로 경험할 수 있습니다. 우리는 이 시대의 디지털 문화 기술이 제공하는 새로운 경계에서 현실과 가상을 넘나들며 미지의 나를 만나고, 다시 현실로 돌아와 삶의 길을 용기 있게 걸어갈 수 있는 마음의 위로를 얻고 있는지도 모릅니다.

도영임 | KAIST 문화 기술 대학원 교수

연세 대학교 심리학과에서 학사를 마치고, 동 대학원에서 성인 발달과 노화 과정 전공으로 석사 학위를, 온라인 게임 세계 속에서 경험하는 자기 인식과 자기 변화 연구로 박사 학위를 받았다. 1999년부터 2001년까지는 인터넷을 활용한 음반 선주문 제작 프로젝트 및 온라인과 오프라인 화랑을 연계하는 문화 벤처에 참여하였다. 2004년부터 2006년까지 연세 대학교 학부 대학 학사 지도 교수로 학생들의 학교생활 적응 및 전공 진로 상담, 미래의 꿈 설계를 도왔다. 2007년부터는 KAIST 기능성 게임 랩 선임 연구원으로 디지털 게임을 교육, 의료, 공공, 산업 및 사회 캠페인 등 다양한 분야에 활용하는 방안을 공부했다. 2010년부터는 KAIST 문화 기술 대학원 초빙 교수로 디지털 문화를 활용하여 개인의 성장을 돕고, 새로운 가치를 창조하고, 사회 변화를 모색하는 일에 관심을 두고 연구하고 있다.

경계의 충돌: 인도주의적 개입

문병철 | 서울 대학교 사회 과학 연구원 연구원

들어가는 말

2011년 미디어를 뜨겁게 달군 뉴스라면 단연코 중동의 민주화 바람이다. 2010년 12월 17일, 북아프리카 지중해 연안의 국가 튀니지(Tunisia)의 소도시 시디 부지드(Sidi Bou Said)에서 발생한 청년 모하메드 부아지지(Mohamed Bouazizi)의 분신자살 사건이 도화선이 되어, 중동 전역에 유례없는 민주화 열풍이 분 것이다.

튀니지의 나라꽃인 재스민에서 이름을 따서 재스민 혁명(Jasmine revolution)으로도 불리는 튀니지 혁명은 1987년부터 튀니지를 통치해 온 제인 엘아비디네 벤 알리(Zein el-Abidine Ben Ali) 대통령을 권좌에서 내쫓았으며, 이웃 나라인 이집트의 철권통치자 호스니 무바라크(Hosni Mubarak)마저 국민들의 민주화 요구에 무릎 꿇게 하는 파급력을 보여 주었다. 지금 이 시각에도 사우디아라비아, 예멘 등 중동의 독재 권력자들은 민주화 조치를 약속하면서 국민들의 눈치를 살피고 있다.

중동의 민주화 바람이 장기간에 걸친 철권통치에 대한 국민들의 치열한 저항이라면, 민주화 요구에 대한 가장 강력한 반동은 리비아의 카다피 정부에 의해 자행되었다. 1969년 이후 40년 동안 리비아를 지배해 온 무아마르 알카다피(Muammar Al-Gaddafi)에 대한 퇴진 요구가 거세어지자 정부는 군대와 외국 용병을 동원하여 유혈 진압에 나섰다.

리비아 국민들에 대한 리비아 정부군의 학살은 국제 사회의 개입을 야기했는데, 유엔 안전 보장이사회 결의안 1973호가 그것이다. 미국, 영국, 프랑스가 공습 준비를 완료한 가운데 2011년 3월 18일 유엔 안전 보장 이사회가 리비아 상공에 비행 금지 구역(No fly zone)을 설정했으며, 2011년 3월 20일 유엔 평화 유지군 작전의 일환으로 리비아에 공습이 개시되었다.(오디세이 새벽 작전: Operation odyssey dawn) 국민들의 민주화 요구에 무력으로 대응한 카다피는 국제 사회의 개입을 초래했고, 결국 주검이 되어 권좌에서 쫓겨나고 말았다.

인도주의적 개입: 주권과 인권의 충돌

자연 과학의 영역에서 경계를 넘어선다는 것은, 고정 관념을 깨뜨리고 새로운 패러다임을 만들어 내는 창조적인 행위로 귀결됨으로써 인간의 인식과 학문적 지평을 넓히는 데 이바지한 바가 크다. 찰스 다윈, 루이 파스퇴르(Louis Pasteur)가 그랬고 알베르트 아인슈타인이 그랬다. 사회 과학의 영역에서도 기존 학문의 분과적 한계(경계)를 넘어서려는 노력이 이루어지고 있음은 주지의 사실이며, 과학 기술학(science, technology and society, STS)의 대두는 그 일례로 꼽을 수 있을 것이다. 그러나 실험실 바깥에서, 이론적 논쟁의 틀 바깥에서, 더군다나 세계 정부가 부재한 탓에 무정부 상태로 이해되고 있는 국제 정치의 현실에서 경계를 넘어선다는 것은 국가에 의해 조직된 물리적 폭력을 동반하는 분쟁, 즉 전쟁을 의미한다. 국제 정치에서 경계란 국경과 주권을 의미하기 때문이다.

흔히 종교 전쟁으로 알려진 30년 전쟁은 개신교와 로마 가톨릭 간의 대립이라는 종교 문제를 명분으로 발발했지만, 이후 왕조와 국익을 앞세운 유럽 국가 간의 전쟁으로 발전했다. 30년 전쟁의 결과는 1648년 체결된 베스트팔렌 조약(Peace of westphalia)의 비준을 통해 조율되었는데, 이 조약을 통해서 종교의 자유가 허용되면서 개신교 국가들이 생존의 발판을 마련했으며, 국가 주권(sovereignty) 개념에 기반을 둔 새로운 질서가 유럽에 형성되었다. 베스트팔렌 체제의 성립 이후 주권 국가의 국내 문제에 개입하지 않는다는 불개입(non-intervention) 원칙이 국제법의 기본 규범으로 자리 잡게 되었다.

"주권이란 국가의 절대적이며 영구적인 권력이다."라는 장 보댕(Jean Bodin)의 언명[1]에서 확인할 수 있듯이, 모든 주권 국가는 다른 나라의 간섭 없이 자신의 영토에 대해 배타적이고 독점적인 권리를 행사할 수 있으며 외부인은 그들의 주권과 영토적 존엄성을 인정해야 한다. 그러나 주권 국가의 배타적 권리 행사 이면에는 자국민의 안전 보장이라는 절대적 의무가 있음을 간과해서는 안 된다. 주권 국가의 국민들은 국경 내에서 안전한 공동의 삶을 발전시킬 권리가 있기 때문이다. 국가가 주권을 남용하여 자국민들에 대한 범죄를 서슴없이 저지른다면 어떻게 할 것인가? 다시 말해서, 주권 국가가 자국민의 인권을 심각하게 침해하거나 혹은 국가가 내전 상태, 혹은 무정부적인 혼란 상황에 빠지는 경우 외부인들은 주권 불가침 원칙에 입각해 수수방관해야 하는가, 아니면 문제 해결을 위해 적극적으로 개입해야 하는가? 이런 경우에도 해당 국가는 국제 사회의 정당한 일원으로 인정되어 불개입 원칙의 보호를 받을 권리가 주어지는가? 혹은 어떤 국가가 자국민을 학대하거나 그들을 그러한 위험으로부터 보호하지 못할 경우 다른 국가는 그 국가의 주권을 박탈하고 정당하게 개입할 권한을 지니는가? 국제 정치의 현실에서는 바로 이 지점에서 경계를 둘러싼 새로운 문제가 발생하기 시작한다.

제2차 세계 대전에서 홀로코스트(유대인 대학살, holocaust)를 경험한 국제 사회는 집단 학살과 민간인 학대를 금지하고 기본 인권의 인정을 목적으로 하는 법을 제정하기 시작했다. 1990년대 후반에 이르러서는 대량 학살 등의 위험으로부터 민간인을 보호하기 위한 개입은 도덕적 의무라는 점을 강조하는 견해가 국제 사회에서 힘을 얻기 시작했다. 이들은 주권은 국가의 자국 시민 보호에 대한 책임으로부터 나오며, 그러한 의무의 완수에 실패할 경우 — '실패한 국가(failed state)'의 경우 — 에 해당 국가는 주권을 상실하며 외부 개입이 정당화될 수 있다고 주장한다. 1999년 9월 유엔 사무총장 코피 아난(Kofi Annan)은 유엔 총회 연설에서 이러한 변화를 언급하면서 대량 학살이나 집단 살해의 위험에 처한 민간인들을 강제력 — 군사력 — 을 동원해서라도 보호하는 '새로운 국제 규범'이 형성되고 있음을 선언하기도 했다.

그런데 위에서 언급한 인도주의적인 원칙들은 국가의 주권, 불개입 원칙과 기본적으로 충돌하게 된다. 인도주의적 원칙의 구현을 위한 일이 외부로부터의 간섭을 초래하는 경우가 종종 발생하기 때문이다. 따라서 '실패한 국가'에 강제적으로 간섭하는 국제 사회의 개입을 '인도주의적 개입(humanitarian intervention)'이라는 명제로 정당화하고 있는 것이 오늘날 국제 정치의 현실이다. 넓은 의미에서 '개입'은 다른 주권 국가의 국내적 사건에 영향을 미치는 외부적 행위를 포괄적으로 지칭한다고 할 수 있다. 여기에는 경제적 봉쇄나 군사적 행동뿐만 아니라 경제적 원조, 군사 자문 행위 등도 포함된다. 의미를 더 좁게 해석하자면, 개입이란 국가들의 집단 또는 국제기구가 다른 어떤 국가의 내부 문제에 강제적으로 간섭하는 활동을 가리킨다. 이와 관련하여 주목할 만한 것이 2001년 캐나다의 주도 하에 '개입과 국가 주권에 관한 국제 위원회(The international commission on intervention and state sovereignty)'가 발간한 보고서인 『보호의 책임(The responsibility to protect)』이다. 이에 따르면 모든 국가들은 자국의 시민을 보호해야 할 일차적인 책임을 진다. 국가가 그렇게 할 능력과 의지를 갖고 있지 않다면, 또 국가가 시민들을 의도적으로 탄압한다면 "불개입 원칙보다 국제적인 보호의 책임이 우선한다."[2] 그리고 그 수단으로서 군사력의 사용을 예정하고 있다. 보고서는 이러한 책임의 범위를 확대하여 인도주의적 위기에 적절하게 대응해야 할 책임뿐만 아니라 그러한 위기를 사전에 예방하고 실패한 국가와 전제 정치에 시달린 국가를 '재건할 책임'에 대해서도 언급하며, 따라서 이 보고서는 위험에 처한 사람들의 보호에 관한 원칙 수립을 통해 주권과 인권이라는 서로 경쟁하는 원칙 간의 긴장 관계를 해소하려 시도한 것으로 평가받고 있다.

국제 사회의 이러한 인식 변화는 냉전 종식 이후 벌어진 일련의 대량 학살로부터 얻은 교훈이기도 하다. 1999년 3월 코소보에서 세르비아 인들이 자행한 잔학 행위를 중단시키기 위한 북대서양 조약 기구(NATO)의 개입과 동티모르의 집단 학살을 중단시키기 위해 오스트레일리아의 주도 하에 시도된 개입 등은 냉전 직후의 시기를 인도주의적 개입의 전성기라고 부르게 할 만큼 상징적인 사건들이었다. 그리하여 혹자는 "1990년대는 국제 정치의 지평에서 인권이 주권보다 더 중요하다는 관념이 잠시나마 찬란하게 빛났던 시기이다."[3]라고 말하기도 한다.

하지만 인도주의적 개입이라는 명제가 모든 경우에 똑같이 적용된 것은 아니었다. 1990년대에 국제 사회는 르완다에서 발생한 집단 학살을 방관했으며, 팔레스타인에서 행해지고 있는 이스라엘의 인권 침해에는 여전히 개입하지 않고 있다. 더 근본적으로, 인도주의적 개입은 주권과 불개입, 무력 사용의 금지라는 세 가지 원칙에 기초한 국제 사회에 심대한 도전을 제기하고 있다는 점을 부인할 수 없다. 이는 인도주의적 개입 반대론자들이 목소리를 높이는 이유이기도 하다. 인도주의적 개입을 반대하는 입장에서 제기하는 주된 문제점은 인도주의적 개입이 필요한지를 결정할 불편부당한 메커니즘 — 예컨대, 세계 정부 — 이 없는 상황에서 강대국이 자국의 국익 추구를 정당화하기 위한 수단으로 인도주의적 명분을 내세울 수 있다는 점이다. 제2차 세계 대전 당시 수데테란트(Sudetenland) 지역에 거주하는 독일계 국민의 자유와 안전을 보장하기 위한 조치라고 강변하면서 체코슬로바키아를 침공한 아돌프 히틀러는 이러한 남용의 고전적인 사례로 꼽히고 있다. 설령 온당한 명분과 절차에 입각해서 인도주의적 개입이 이루어진다고 해도 외부인(국제 사회)이 어느 한 국가나 사회에 인권을 강제하는 것 자체가 불가능하다는 점 또한 지적되는 요소다. 일단 개입이 이루어진 이후에 언제, 그리고 어떤 방식으로 개입을 멈출 것인가라는 문제도 지적된다. 무제한·

무기한의 개입이라면 식민주의와 다를 바 없고, 개입이 중지된 이후에 인권 탄압이 재발하지 않으리라고 보장할 수도 없기 때문이다.

맺음말

재스민 혁명 이후, 아직 정치적 민주화의 과정을 경험하지 못한 동북아 일부 국가 — 중국과 북한 — 에도 그 여파가 미칠 것인가에 국제적 관심이 쏠리고 있다. 특히 북한의 인권 상황에 대한 관심이 고조되고 있는 상황이다. 북한 인권과 관련해서는 북한 주민의 인간적 생존권을 보호하기 위해서 (무력간섭 형태의 인도주의적 개입이 아닌)말 그대로의 인도주의적 지원(식량, 의약품 등)이 절실하다고 호소하는 측이 있는가 하면, 북한 주민의 삶을 위해 전방위적인 압박으로 전제적인 북한 정권을 하루빨리 종식시켜야 한다는 목소리도 있다. 어떤 경우이든지 한반도에서 경계 뛰어넘기 현상 — 외부인(국제 사회)에 의한 무력간섭 — 이 발생하지 않기를 바라는 것은 국제 정치학을 공부한 사람이 품기에는 너무 안이한 희망 사항일까?

주

1) 장 보댕, 임승휘 옮김, 『국가론』, (책세상, 2005), p. 41.

2) International Commission on Intervention and State Sovereignty (2001), *The Responsibility to Protect*, xi.

3) Weiss, Thomas, *Humanitarian Intervention: Ideas in Action*, (Cambridge: Polity Press, 2007), p. 136. (『세계정치론』 제4판, 하영선 외 옮김, 을유문화사, 2009, p. 609에서 재인용.)

참고 문헌

위키피디아 (http://ko.wikipedia.org)

장 보댕, 임승휘 옮김, 『국가론』, (책세상, 2005).

조지프 나이, 양준희 외 옮김, 『국제분쟁의 이해: 이론과 역사』 (한울, 2009).

존 베일리스, 스티브 스미서, 퍼트리샤 오언스, 하영선 외 옮김, 『세계정치론』(을유문화사, 2009).

International Commission on Intervention and State Sovereignty(2001), *The Responsibility to Protect*.

문병철 | 서울 대학교 사회 과학 연구원 연구원

1963년 김해에서 태어나 서울 대학교에서 철학을 전공하였고, 영국 셰필드 대학교에서 정치학 석사 학위를, 뉴캐슬 대학교에서 정치학 박사 학위를 받았다. 현재 서울 대학교 사회 과학 연구원에서 일하고 있으며 서강 대학교, 홍익 대학교, 경남 대학교 등에서 국제 정치학을 강의하고 있다. 주요 논문으로는 「Organizing International Security in Northeast Asia: Hegemony, Concert of Powers, and Collective Security」, 「To What Extent Has a Concert of Powers Emerged in Response to the Security Challenge in the Korean Peninsula?」, 「제2차 북핵 위기와 미국 패권의 능력 그리고 한계」, 「동북아 안보레짐으로서의 6자회담의 가능성」 등이 있다.

경계의 위험

박성민 | 정치 컨설팅 MIN 대표

2010년의 추석 연휴 첫날이던 9월 21일, 서울은 예상치 못한 물 폭탄을 맞았다. 시간당 100밀리미터가 내린 이날의 기습 폭우는 9월 하순의 강수량으로는 기존 최고 기록을 2.5배나 갱신한 것이었다. 텔레비전 화면으로 전해지는 광화문의 모습은 믿기 어려울 정도로 낯설었다. 서울의 중심이자 대한민국을 상징하는 거리가 몇 시간 만에 완전히 마비되었다.

최근 한반도에는 과거에 볼 수 없었던 기습 한파와 폭설, 게릴라성 호우가 자주 나타난다. 기상청은 북쪽의 찬 기단(대륙 고기압)과 남쪽의 따뜻한 기단(북태평양 고기압)이 만들어 낸 좁고 강한 정체 전선이 폭우의 원인이라고 밝혔다. 한편, 동해를 포함하는 북서태평양 어장은 쿠릴 한류와 쿠로시오 난류가 만나 세계 제일의 황금 어장을 만들어 낸다. 하늘이든 바다든 차가운 것과 더운 것처럼 대립적(혹은 적대적)인 두 힘이 충돌하는 경계에서는 엄청난 에너지가 발생한다.

통제를 받는 에너지는 우리에게 축복을 주지만, 통제하지 못하면 재앙이 된다. 에너지가 커지면 재앙의 파괴력도 커진다. 태양 같은 항성의 에너지원인 핵융합은 통제될 때는 핵 발전으로 선용될 수 있지만 통제를 벗어나면 인류에게 대재앙을 가져올 수소 폭탄으로 악용될지도 모른다.

경계는 위험하다. 남한과 북한이 맞닿은 휴전선은 세계 최고의 군사력이 일촉 즉발의 긴장을 유지하고 있다. 나라와 나라 사이의 경계에서는 장난으로 던진 돌멩이 하나가 핵폭탄으로 이어진다. 우발적 사건이 돌이킬 수 없는 대참사가 될 수 있는 것이다. 역사학자 에드워드 핼릿 카(Edward Hallet Carr)의 통찰대로 "필연은 우연이라는 옷을 입고 나타난다." 오스트리아 황태자 부부를 살해한 세르비아 청년의 우연한 총질은 더 이상 유지될 수 없는 제국주의의 필연적 모순을 폭발시켰다. 제1차 세계 대전은 필연의 산물이지 우연의 결과가 아니다. 우리 휴전선에도 언제든 용암으로 분출될 수 있는 마그마가 지하에서 끓고 있다. 중동과 함께 한반도를 세계의 화약고라 부르는 이유도 아주 사소한 실수로도 상상할 수 없는 엄청난 폭발을 가져올 수 있기 때문이다. 군사적 경계의 오래된 긴장은 너무도 팽팽해서, 누구나 생각 없이 스위치를 누를 수 있다.

2001년 9월 11일, 뉴욕 세계 무역 센터 빌딩이 테러리스트에게 납치된 비행기에 의해 무너져 내린 대참사 역시 오래된 적대감이 폭발한 결과였다. 그 사건은 십자군 전쟁으로 상징되는 기독교와 이슬람 간의 분노와 증오가 얼마나 뿌리 깊은 것인지 잘 보여 주고 있다. 이 전쟁은 오늘날에도 계속되고 있다. 이슬람 측이 그라운드 제로 인근에 '공존과 관용'의 상징으로 이슬람 사원을 짓겠다는 계획을 발표하자 미국이 둘로 갈라졌다. 다행히(?) 이슬람 사원 건립을 지지하는 쪽이나 반대하는 쪽 모두 기독교와 이슬람이 만나는 경계에는 반목과 불신의 강이 흐르고 있다는 사실에는 생각이 일치한다. 1,000년이 넘었지만, 그 강의 수량은 조금도 줄지 않았다. 팔레스타인은 종교의 경계가 얼마나 위험한지를 상징적으로 보여 주는 곳이다.

인종의 경계도 위험하다. 종교 차별에서 도망친 사람들이 세운 나라 미국에 피부색이 다른 인종에 대한 차별이 가장 추악한 형태로 존재한다는 사실은 참으로 놀라운 일이다. 아프리카계 혼혈인 버락 오바마(Barack Obama)가 대통령이 된 지금도 이 긴장은 완전히 해소되지 않았다. 오히려 그가 혼혈이기 때문에 작은 문제도 크게 확대되곤 한다. 2009년 미국 하버드 대학교의 저명한 흑인 교수인 헨리 루이스 게이츠(Henry Louis Gates)가 매사추세츠 주 케임브리지 시의 자택 앞에서 백인 경찰인 제임스 크롤리(James Crowley) 경사에게 체포된 사건이 대표적인 사례다. 사건은 단순했다. 여행에서 돌아온 게이츠 교수는 자기 집 문의 열쇠를 찾지 못하자 억지로 열고 들어가려 시도했다. 문제는 그 장면을 본 백인 여성이 경찰에 신고했고, 출동한 백인 경찰 크롤리가 게이츠 교수에게 집 밖으로 나오라고 요청했다는 점이다. 게이츠는 그것을 차별로 받아들이고 '인종 차별주의자'라고 항의했고, 경찰은 그를 '치안 문란'으로 체포했다. 이에 대해 게이츠 교수와 친분이 있던 오바마 대통령은 "경찰의 행동은 어리석었다."라고 비난했다. 그러자 크롤리 경사는 "대통령이 이런 '동네 문제'까지 개입하는 것은 실망스럽다."며 자신은 정당한 공권력을 집행했을 뿐이기에 게이츠에게 사과할 뜻이 없다고 강하게 반발했다. 당황한 것은 오바마였다. 자신의 발언이 '과도한 흑인 인권 옹호'로 받아들여지자 그는 "양쪽 다 냉정을 찾아야 한다."가 자신의 뜻이었다며 한발 물러섰다. 결국 사건은 오바마가 두 사람을 백악관

으로 초청해 '맥주 정상 회담'으로 불리는 '쇼'를 하고서야 마무리
되었다. 이 사건은 흑인 노예를 사고팔던 시대로부터 수백 년이 흘렀
고, 남북 전쟁을 통해 노예 해방이 선언된 지 150년이 흘렀고, 흑인
인권 운동가 마틴 루터 킹 목사가 암살당한지 40여 년이 흘렀고, 흑
인 혼혈이 대통령이 되었음에도 흑백의 경계는 그 대비만큼이나 여
전히 선명함을 보여 주었다. 입만 열면 자유, 인권, 민주를 부르짖는
미국이지만 인종 문제는 아직도 풀기 어려운 숙제로 보인다.

흑인 노예와 원주민 문제는 영원히 지울 수 없는 미국의 원죄다.
그러나 미국인 모두가 그런 원죄 의식에 시달리는 것은 아닌 모양이
다. 『문명의 충돌(*The Clash of Civilizations*)』로 유명한 새뮤얼 헌팅턴
(Samuel Huntington)은 『우리는 누구인가?(*Who Are We?*)』(한국에는 『새
뮤얼 헌팅턴의 미국』이라는 이름으로 출간되었다.)라는 책에서 WASP(앵글
로색슨계 미국 신교도)의 나라 미국이 타 민족, 타 인종의 대량 유입으
로 정체성이 모호해졌다고 한탄했다.(더 솔직히 표현하면 라틴계의 유입
으로 미국의 정체성이 그야말로 정체불명이 되었다고 한탄했는데 이는 자신들의
조상이야말로 이민자들이고, 더군다나 흑인과 원주민에게 저지른 역사적 죄악
을 생각한다면 어불성설이랄 수도 있다. 미국의 영토 상당수가 원래는 멕시코 땅
이었다는 점을 감안한다면 더욱 그렇다.)

그러나 사실 어느 나라나 민족·인종의 문제는 그리 간단치 않다.
미국의 사례를 '새 발의 피'로 보이게 만드는 사례는 무궁무진하다.
민족, 종족, 인종, 종교적 이유로 자행되는 집단 학살은 세계 도처에
서 지금도 일어나고 있다. 집단 학살은 집단의 일원을 살해하거나, 고
문·강간 등으로 정신적이나 육체적 위해를 가하거나, 아이를 못 낳
게 하거나, 강제로 이주시키는 것 등을 말한다. 나치 독일의 홀로코

스트는 너무나 유명하지만 '발칸의 도살자'로 불린 전 세르비아 대통령 슬로보단 밀로셰비치(Slobodan Milosevic)가 크로아티아 전쟁, 보스니아 전쟁, 코소보 전쟁에서 저지른 학살도 그에 못지않다. 아프리카의 경우는 더욱 잔인한데 그중에서도 르완다는 대표적인 사례다. 내전 중이던 1994년 4월부터 7월까지 불과 3개월 동안 후투족은 투치족과 후투족 중도파들을 100만 명 이상 학살하고 강간했다. 이라크의 쿠르드 인 대학살이나 중국이 벌이는 티벳 인에 대한 학살 등 지금까지도 계속되는 제노사이드는 인류라는 존재에 깊은 회의를 갖게 한다.

집단 학살까지는 아니어도 타 민족, 타 인종에 대한 차별은 선·후진국을 가리지 않고 일상이 되어 있다. 문명국을 자처하는 대부분의 나라도 반문명적인 차별을 중단하지 않는다. 오히려 세계화의 빠른 진행, 교통의 발달, 노동력에 대한 수요 급증, 관광 산업의 비약적 발전, 그리고 타 인종·민족 간의 결혼 확대 등으로 인해 과거와 비교할 수 없을 정도로 많은 사람들이 나라의 경계를 넘어 이동하는 시대가 되었기 때문에 미국, 프랑스, 일본, 오스트리아, 러시아, 오스트레일리아, 한국 등에서 긴장이 더 높아지고 있다. 이제는 민족과 인종의 경계가 국경만이 아니라 전 세계의 도시 골목으로 확대되는 추세이다.

눈에 보이는 경계만큼이나 눈에 보이지 않는 경계도 위험하다. 과학과 종교(특히 기독교)는 수천 년 동안 아슬아슬한 줄타기를 하면서 지금까지 공존하고 있다. 갈릴레오 갈릴레이(Galileo Galilei)의 파문과 1992년 교황청이 그를 복권시킨 사건은 줄타기의 대표적 사례다. 과학이 도전하고 종교가 응전하는 역사에서 승자는 누구인가? 과

학과 기술이 지배하는 시대에도 종교는 살아남을 수 있을까? 지동설, 진화론, 정신 분석, 뇌 과학 등에 의해 끊임없이 침탈당해 온 기독교가 아직도 생존하고 있다는 것은 사실 놀라운 일이다. 프리드리히 빌헬름 니체의 "신은 죽었다."는 선언이나 『만들어진 신(*The God Delusion*)』과 『위대한 설계(*The Grand Design*)』에서 리처드 도킨스(Richard Dawkins)와 스티븐 호킹이 "우주는 신이 창조하지 않았다."라고 외친 것은 역설적으로 여전히 종교가 살아 있다는 증거이기도 하다.

그러나 '신이 죽지 않았음'에도 우리가 지금 과학 기술이 신학과 철학을 지배하는 시대를 살고 있다는 점은 부인하기 힘든 사실이다. 이전에 우리는 맨 밑에 기술이 있고 그 위에 과학, 그다음 철학, 맨 위에 신학이 있는 질서 속에서 아주 오랫동안 살았다. 당시 신학은 우주관과 세계관을 지배했다. 철학(역사, 정치, 문학)은 규범을 만들어 냈다. 과학과 기술은 신학과 철학이 허용하는 틀 안에서 움직여야만 했다. 그 틀을 깨려면 갈릴레오처럼 목숨을 걸어야 했다. 이 질서의 좋은 점은 대중의 행동을 예측할 수 있다는 것이다. '규범'이 있기 때문이다. 이론의 일탈이든 행동의 일탈이든 규범을 일탈하면 누구든 용서받지 못했다. 그런데 지금은 어떤가? 이 질서가 거꾸로 물구나무를 선다. 맨 밑바닥에 신학이 있고, 그 위에 철학이 있고, 과학이 있다. 맨 위에는 온 세상을 지배하는 기술이 있다. 지금은 빌 게이츠(Bill Gates), 스티브 잡스(Steve Jobs)와 같은 엔지니어가 부와 권력, 명예를 모두 갖는 시대가 되었다. 기술이 지배하는 시대의 가장 큰 특징은 기존의 모든 규범이 무너진다는 것이다. 기술은 빛의 속도로 움직이면서 법과 규범을 무력화시킨다.

규범이 무너져 대중이 합리성을 벗어나 움직이면 일탈이 일상이 된다. 기술의 시대에는 행동의 합리성을 결여한 사이코패스가 늘어난다. 인과 관계를 벗어난 이들의 범죄는 CCTV, 휴대 전화, 신용 카드와 같은 기술의 산물이 아니고서야 잡을 수 없다. 기술의 발달은 아이러니하게도 사회의 불확실성을 증폭시키고 개인의 불안을 증대시킨다. 프랑스의 석학 자크 아탈리(Jacques Attali)는 『미래의 물결(Une Breve Histoire De L Avenir)』에서 불안을 느낀 개인들이 '보안'을 강화하고 이로 인한 스트레스를 풀기 위해 '오락'에 몰입하리라고 예견했다. 그는 아프리카가 유럽을 닮는 것이 아니라 유럽이 아프리카를 닮게 될 것이라고 예리하게 통찰했다.

역사적으로 과학과 기술이 신학과 철학을 지배할 때, 인간은 오만해지고 그 오만은 결국 인간을 위험에 빠뜨렸다. 과학 기술의 힘을 믿는 사람들은 언젠가는 모든 것을 알 수 있게 되고 모든 문제를 해결할 수 있다는 자신감으로 충만하다. '유적(類的) 미지는 개체적 불가지'라고 믿는 나로서는 그런 자신감이 어디서 나오는지 사실 부럽기도 하다.

그런데 정말 과학 기술은 신학과 철학을 대신해서 우리를 편안한 안식처로 인도해 줄까? 많은 사람들이 그렇게 믿겠지만, 나는 그렇게 믿지 않는다. 왜 사람들은 과학 기술이 가져다 준 편리함을 버리고 다시 원초적 자연으로 돌아가려고 하는가? 왜 다시 사람 이야기에 귀 기울이는가? 왜 올레길과 둘레길을 마냥 걷는가? 「1박 2일」 같은 프로에 환호하는가? 왜 단순했던 시대를 그리워하고, 아날로그를 다시 찾는가?

자유와 인권, 그리고 민주주의를 확대한 긴 여정을 거쳐 온 과학 기술의 시대에 우리 자유와 인권은 왜 두려움에 떨고 있는가? 이제 기록은 하나도 사라지지 않고 영원히 남아 우리를 괴롭힌다. 사생활은 보호받기는커녕 대중들의 오락거리가 되었다. 우리의 말, 글과 행동은 어디에도 숨지 못한다. 우리의 삶은 빠르고 편리해졌지만 그만큼 끔찍해졌다. 우리는 자유를 사기 위해 자유를 팔았다. 우리는 왜 이토록 타인에 대해 잔인해졌을까? 우리는 재미를 위해 영혼도 팔았다.

과학 기술 덕에(혹은 탓에) 금융은 과거에는 상상도 하지 못했던 많은 파생 상품을 만들어 냈다. 전에는 금융이 실물 경제의 도구였는데, 현재는 실물 경제가 가상 경제의 도구가 됐다. 그 결과는? 바로 그 유명한 서브프라임 사태이다.

경계는 위험하다. 과학 기술은 무(無)에 가까운 비용으로 존재하는 모든 것들을 빛의 속도로 복제하면서 도처에 새로운 경계의 긴장을 만들어 낸다. 경계의 긴장은 엄청난 에너지를 낳는다. 이 에너지를 통제할 수 있느냐는 물음에 솔직하고 진지하게 답해야 할 시기는 점점 다가오고 있다.

박성민 | 정치 컨설팅 MIN 대표
한국의 대표적인 정치 컨설턴트로 1991년부터 정치 컨설팅 그룹 MIN을 설립하여 정치인들의 선거 캠페인과 정치적 진로를 자문하고 있다. 수많은 캠페인을 통해 한국 정치의 변화를 체험하면서 정치적 감각과 컨설팅의 노하우를 쌓았으며, 정세를 읽는 능력과 복잡한 상황을 단순하게 정리해 주는 능력이 뛰어나다. 그와 함께 일한 정치인들은 위기 상황에서 보여 주는 직관과 돌파력에 높은 평가를 보낸다. 저서로는 『강한 것이 옳은 것을 이긴다』, 『불량 사회와 그 적들』(공저), 『불확실한 세상』(공저), 『정치의 몰락』(공저)이 있다.

역사 철학자들의 자연 이해

이정은 | 연세 대학교 인문학 연구원 전문 연구원

1. 미래를 알고 싶은 욕망: 역사 철학적 착상으로

사람들은 아직 펼쳐지지 않은 자신의 미래를 궁금해 하고, 미래에 일어날 일도 마치 과거의 일처럼 분명하게 알고 싶어 한다. 그러나 미래는 유한한 인간의 파악 능력을 넘어선다. 과거, 현재, 미래가 연속적이며 서로 유기적 연관성을 지닌다고 해도 우리에게 미래는 현재의 경계 밖에 있는 '미지의 세계'이다. 알 수는 없지만 궁금하게 여겨지는 미래는 현재로 우리에게 도래할 때만 파악할 수 있다. 그러나 '도래한 미래'는 미래가 아니라 현재일 뿐이다.

우리는 왜 미래를 궁금해 할까? 어렸을 때부터 행복하게 살아온 사람도 그의 삶이 언제까지 행복할지 불안해 한다. 막연한 의구심과 두려움은 '예측 불가능한 미래'를 미리 알아내 불행에 대비하려는 태도를 낳는다. 그러나 미래는 현재로 도래할 때만 알 수 있기에, 성급한 마음에 점쟁이를 찾아가기도 하고 철야 기도를 하기도 한다. 때로는 오히려 과거로 돌아가서 과거를 통해 미래를 점치기도 한다.

이런 태도는 우주의 원리와 인간 삶의 문제에 천착하는 철학자에게도, 특히 '인간들의 상호 관계의 산물인 역사'를 '세계사'에 적용하여 보편 원리를 도출하는 역사 철학자의 착상에도 나타난다. 인간은 변덕스런 심정과 욕망을 지니기 때문에 인간관계는 불연속적이고 우발적이다. 그러나 과거 인간의 삶이 불연속성과 우발성 가운데서 '연속적인 무엇'이나 또는 '필연적 원리와 법칙(law)'을 보여 주었다면, 과거나 현재에 적용되는 원리를 — 마치 보편 원리처럼 — 미래에도 동일하게 적용할 수는 없을까? 과거를 본보기로 미래의 삶을 예측할 수는 없을까?

이렇듯 모든 시간을 아울러서 세계사를 보편 원리로 정립하는 '역사 철학'은 18세기에야 비로소 하나의 개별 학문으로 정립된다. 물론 역사의 모든 시간을 아우르는 보편 원리를 상정하고, 그것을 현재 너머로까지 적용하는 일은 고대로부터 드물지 않게 계속되어 왔다. 고대인의 역사 이해도 인간 행동에서 보편적 원리를 찾는 것이었다.

그런데 이때 '어떤 역사관을 형성하는가.'라는 문제는 사실 '자연에 대한 이해'와 긴밀하게 맞물린다. 이미 알려져 있는 과거와 현재의 원리를 가지고 '미래'까지 총괄하는 역사 철학자의 근저에는 자연 이해를 '미지의 세계'에 적용하려는 태도가 깔려 있다. 그래서 자연 이해가 달라지면, 역사 이해도 달라질 수 있다.

'이미 알려진 세계'와 '아직 알려지지 않은 세계' 간의 경계에 살고 있는 인간이 '경계를 넘나드는 보편 원리'를 어떻게 알아낼 수 있을까? 미래를 알고자 하는 욕망을 해소하기 위해, 역사 철학자는 자연을 어떻게 이해하는가?

2. 고대인의 자연관: 순환론적 역사관으로

자연에 대한 탐구는 흔히들 과학자의 일이라고 생각하지만, 진리를 추구하는 철학자에게 자연은 존재 전체를 함축하는 개념이다. 자연을 어떻게 바라보느냐에 따라 철학자의 형이상학 체계(metaphysical system)가 달라진다. 오랫동안 누적된 과학의 발전 덕분에 이제 자연에 대한 무지와 신비감은 많이 벗겨졌지만, 고대인은 그 단계까지 미처 이르지 못했기에 자연을 무서워하거나 부러워하면서 닮아 가려고 했다. 그는 자연에 비추어 철학을 형성하고 인간사의 모형을 만들기도 한다.

이성을 지니는 인간은 자연 안에서 최고 능력을 지니는 존재이며, 그 능력으로 다른 존재와 비교할 수 없는 삶을 만들어 낸다. 그러나 이 능력에도 고대인은 위대하지 않은 자연 앞에서 경외와 더불어 무력감을 느낀다. 죽음을 피할 수 없기에 인간은 무력감을 느끼고, 무력감을 거부하고 싶은 욕망은 영원성과 불멸성 추구로 변형되어 나타난다.

그에 반해 자연은 — 무한하지도 불멸하지도 않지만 — 큰 이변이 없는 한 지속적으로 존재할 것이기에, 인간이 보기에는 영원하다. 인간의 사멸성(mortality)과 비교되는 자연의 영원성(eternity)은 무력감과 부러움이라는 감정을 촉발시킨다. 유한하고 사멸적인 고대인은 자연마저도 지니는 영원성이 그에게 결핍되어 있으니, 영원성과 불멸성을 자연에 견주어 이해하고 자연에서 도출되는 모습을 인간사에 적용하게 되었다.

이런 자연은 어떤 패턴을 반복적으로 수행하는 순환 구조를 지닌다. 자연이 지닌 반복과 순환은 생명체이냐 아니냐를 떠나서 나타난다. 봄, 여름, 가을, 겨울이 반복되듯이, 고대인은 반복되고 순환하는 자연의 운동을 '인간 생명체의 행위'에도 적용하여 인간 패턴, 생명 패턴을 설명했다.

자연이 순환한다는 자연관을 인간 행위의 총체적 결과물인 역사에 적용하면, 자연 순환론은 '역사 순환론'을 야기한다. 비록 인간이 영원한 존재는 아니라고 해도, 자연의 반복 순환을 재현한다면 영원성에 근접해 갈 수 있다. 유한한 인간이 영원성을 실현하는 방법이 '역사 순환론'이다.

철학사에서 역사 철학의 탐구 대상은 세계사이다. 세계사는 국가들의 상호 관계를 시간적 차원에서 규정한 것이다. 이때 국가는 그 구성원인 인간들의 상호 관계로 이루어진다. 고대 철학자 플라톤은 『티마이오스(Timaeus)』에서 국가의 생성과 소멸을 독특하게 설명했다. 그에게 국가는 건립 후에 점차로 발전해 나가다가 정점에 이르러 멸망하는 과정을 반복하는 존재이다. 국가의 역사는 생성, 성장, 소멸이라는 반복, 순환 운동을 지속한다. 순환하는 국가의 패턴을 세계사에 적용하면 역사 순환론이 나타난다.

국가가, 역사가 왜 순환하는가? 플라톤은 우리가 현재 살고 있는 감각계의 원형에 해당하는 이데아(Idea)계가 먼저 있고, 조물주 데미우르그(Demiurge)가 이데아계의 본을 따서 감각계를 만든다고 말한다. 이렇게 만들어진 감각계가 우주이다. 그런데 데미우르그는 우주와 지구를 포함하는 태양계가 — 비록 사멸적 존재이긴 하지만, 이왕이면 불멸성에 가까운 존재가 될 수 있도록 — 이데아계의 영원성을 가장 잘 구현하는 모양, 즉 원형이 되도록 한다. 영원성에 가까운 모델로 원형을 상정하고, 태양계가 원형으로 원 운동을 하는 형태로, 그래서 반복과 순환을 지속하는 형태가 되도록 만든다. 그래서 지구도 원형이고 지구의 생명 활동도 원형 같은 반복과 순환의 고리를 이룬다.

이것을 역사에 적용하면 역사도 반복과 순환이라는 원 구조를 지닐 때 영원성과 불멸성을 구현할 수 있다. 태양계의 순환 운동은 자연의 순환 운동으로, 자연의 순환은 국가의 생성과 성장과 소멸이라는 국가 순환론으로, 더 나아가 세계 역사 순환론으로 이어진다.

역사 순환론은 인간에게는 결핍된 영원성을 구현하는 기반이다. 그러므로 영원성을 부러워하는 인간이 야기하는 행동도 반복적 순환 모델로 접근할 수 있다. 헤로도토스(Herodotus)나 타키투스(Thucydides)가 쓴 서사시에 따르면, 귀감이 되는 영웅들의 행적을 후대인이 반복하기를 요청하고 있다.

가령 다음처럼 역사 기술이 시작된다. 많은 우연적 사건들 가운데서 위대한 업적을 지니는 개인의 행적을 뽑아낸다. 뽑아낸 행적을 영원하게 만들려면 누군가가 기억해야 한다. 기억할 수 있도록 후대인이 기록하고, 기록된 행적을 본보기로 삼아 반복이 일어나기를 기대한다. 반복되는 기억과 기대 속에서 그 업적과 사건은 영원성을 획득하게 된다. 위대한 행적도 누군가가 기억해 주지 않는다면 영원성을 상실하게 된다. 여기에서 반복적 기억은 미래 역사에서 '반복적 모방'과 '반복적 수행'을 요청하는 수순으로 나아간다.

아직 도래하지 않은 미지의 세계는 '위대한 행위의 반복'이 기대되는 세계이다. 그렇다면 미래는 반복적으로 생성하고 소멸하는 원형 구조가 아니겠는가? 이에 비추어 보면, 과거와 현재뿐만 아니라 미래까지 관통하는 역사 순환론은 임의로 만들어진 주관적인 것이 아니라 자연의 패턴인 순환 구조의 산물이다. '예측할 수 없는 미래'는 자연이 지니는 '객관적 반복과 순환'에 비추어서 '기지의 세계'가 된다. 역사 순환론은 우연적 사건의 연속이 아니라 자연처럼 객관적 운동 모델이 되며, 역사 반복을 통해 인간사도 자연처럼 영원성에 근접해 간다.

3. 근대인의 자연관: 역사의 발전 법칙으로

이제 근대로 넘어가 보자. 근대의 역사관에는 다양한 선구자들이 있고, 중세 시대에 인간 역사를 신의 섭리로 설명한 아우구스티누스(Augustinus)의 역사 신학도 밑거름 역할을 했다. 그러나 역사 철학을 개별 학문으로 정립한 것에 초점을 맞춘다면, 크게 18세기 게오르크 빌헬름 프리드리히 헤겔(Georg Wilhelm Friedrich Hegel)의 '역사의 발전 법칙'으로 압축할 수 있다. 근대의 다양한 역사관은 헤겔의 역사 철학을 준비하는 과정이며, 헤겔 이후의 역사관은 그를 비판하고 부정하는 것이라고 해도 과언은 아니다.

헤겔은 『역사 철학 강의(*Vorlesungen ueber die Philosophie der Geschichte*)』에서 마치 과학의 자연 법칙처럼 역사에도 직선적으로 전개되는 발전 법칙이 있다고 주장하고, 법칙의 척도로 자유의 실현과 이성의 전개를 논한다.

근대 역사 철학의 우회적 기초를 자연 이해와 관련시킨다면 — 비록 역사 철학자는 아니지만 — 르네 데카르트(René Descartes)의 방법적 회의(methodological doubt) 또는 주관주의(subjectivism) 철학에서 시작할 수 있다. 데카르트의 주관주의 철학도 고대인의 역사 이해처럼 동시대의 자연 이해를 배제하고서는 접근할 수 없다. 왜냐하면 데카르트가 그의 철학을 형성하고 변형하는 과정에서 근대 과학, 특히 갈릴레오 갈릴레이의 업적에 촉각을 곤두세우고서 주시했기 때문이다.

근대에는 망원경의 발견으로 자연 관찰의 시야가 지구에서 우주로 넓어졌다. 도구 사용과 그로 인한 시야의 확장은 그동안 자연 인식의 기초였던 인간의 감각 능력에 의구심을 느끼게 한다. 갈릴레오의 지동설에서처럼, 육안으로 지구 내부를 관찰할 때의 감각 경험이 육안을 벗어나는 우주 관찰에는 부적합하다고 생각하게 된다. 이는 우주를 파악하기 위해 도구를 사용할 때, 어떤 도구를 사용하느냐에 따라 대상이 다르게 파악된다는 깨달음으로 이어진다.

이렇게 인간은 감각 경험의 진리성에 불신을 갖게 되고, 과학적 관찰에 대해서도 다른 접근을 시도하게 된다. 대상을 연구하는 실험실 상황이 변수로 작용한다고 생각하여 '관찰'에서 '실험'으로 관심을 돌린다. 실험 도구에 따라 결과가 달라지듯이 우주를 관찰하는 도구도 결과에 영향을 미친다.

이를 지켜보던 데카르트는 감각을 불신하고 불신을 극대화하는 과정에서 진리에 대한 '전면적 의심'에 봉착했다. 그는 인식(cognition)과 지식(knowledge)의 객관성을 의심하고, 참된 진리를 도출하려고 고심하는 과정에서 새로운 방법론을 발견한다. 그는 대표 저작인 『방법 서설(*Discourse on the Method*)』과 『성찰(*Meditations*)』에서 고대부터 이어져 내려온 아리스토텔레스의 형식 논리학(formal logic)적 연역(syllogism)을 비판하고 그 대신 기하학적이고 수학적인 연역(geometrical and mathematical reasoning) 방법론을 발굴했다.

그는 계속되는 의심 가운데서 확실성을 지니는 최초의 원리를 전적으로 자신의 힘으로 발견한다. 최초의 확실한 원리를 수학의 공리처럼 이용하여 한걸음씩 나아가는 소위 '회의의 방법'(method of doubt) 내지 '방법적 회의'(methodological doubt)를 사용한다. 데카르트는 '의심했던 진리 전체'를 방법적 회의를 통해 결국에는 다시 회복해 낸다. 그러나 회복된 진리는, 달리 말하면 진리라고 하는 것은 반드시 '자아의 검증'을 거쳐야만 진리로 인정할 수 있기 때문에, 데카르트는 주관주의의 선구자가 되었다.

데카르트가 — 비록 그의 철학 체계에 실험과 관찰이 아니라 이성적 연역의 방법을 사용하기는 했지만 — 새로운 방법론으로 나아가도록 영향을 미친 '근대 과학자', 정작 이런 사고를 야기하게 만든 당대 '과학자'는 객관성을 철저하게 의심하는 주관주의를 표방하지는 못했다. 오히려 근대 과학자의 행보를 관망하던 '이성 철학자'가 과학자에게서 드러나는 주관주의의 단초를 부각시켜 인식론의 새로운 틀로 발전시켰다. 자연 이해의 객관성을 의심하는 근대 철학자들은 그 와중에도 '진리의 객관성'을 확보하기 위해 주관주의와 연루된 길고 긴 싸움을 벌이게 된다.

그렇다면 역사의 객관적 원리는 과연 가능한가? 이런 상황에서 조반니 바티스타 비코(Giovanni Battista Vico)는 '인간이 자연을 만들 수는 없더라도 역사는 만들 수 있다.'라는 점에 착안했다. 자연은 인간이 창조한 것이 아니며 창조할 수도 없는 것이라서 인간에게서 독립해 있다. 그래서 인간은 단지 자연 인식의 정도를 확대하는 데서 만족할 뿐이다. 설상가상으로 실험 도구를 사용하는 과학자들의 통찰 때문에, 자연에 대한 객관적 파악이 힘들다는 사실이 밝혀졌다. 그러나 철학자들은 이를 반전시킨다. 자연이 인간의 주관적 틀에 맞지 않거나 인식 과정에서 변형이 일어난다면, 진리는 우리에 의해 구성될 수밖에 없다. 게다가 이때 만약 인식 대상이 인간이 만든 것이라면, 인간이 산출한 것이라면, 객관적 인식이 가능하지 않을까? 인간이 제작한 것이라면, 제작 '목적'과 더불어서 완전한 파악이 가능하지 않을까? 인간들의 상호 작용의 결과인 '역사'가 바로 그런 산출물이 아니겠는가?

역사는 '자유 의지를 행사하는 인간 행위의 산물'이고 '인간 행위의 총체'이다. 그러므로 의지와 행위의 관계에 초점을 맞추고, 행위를 만드는 자의 위치에서 질서와 목적을 도출할 수 있다. 이것이 비코의 착상이다. 역사의 목적 설정과 법칙 파악은 행위 생산자의 입장에서 가능하다.

당대 분위기에 비추어 볼 때, 이런 사고방식은 역사에 국한된 것은 아니었다. 헤겔 이전의 사회 계약론이나 프랑스 문화 이론가들 사이에서 인간 행위와 관련된 — 가령 정치학, 사회학, 인간학, 윤리학 — 분야에서 자연 법칙 같은 법칙성을 정립하려는 시도가 있어 왔다. 이 근대의 시도들은 헤겔의 역사 철학으로 흘러와서 역사도 법칙을 지닌다는 직선적 발전 사관이 형성되었다.

역사의 발전 법칙 형성은 근대 과학이 낳은 주관주의와 더불어 자연을 끊임없이 운동하고 변화하는 '과정'(process)으로 이해하는 '과정적 사고' 없이는 불가능했다. 자연은 데카르트의 기계론적 자연관처럼 죽어 있는 물체가 아니며 살아 있는 생명체로서 유기적 운동을 지속한다는 생각인 이것은 목적론적 자연관으로도, 앨프리드 화이트헤드(Alfred Whitehead)의 과정 철학으로도 나아갈 수 있다. 무엇보다도 여기서 자연이 생명을 지니는 유기체처럼 상호 작용한다는 생기론의 단초가 만들어진다. 자연은 설령 무기물이라고 해도 생명의 순환 고리를 형성하여 상호 작용하면서 변화를 만든다. 자연의 부분들은 단지 부분에 그치지 않고 전체와 유기적 연관성을 지니는 부분이며, 세계사의 법칙적 전개에서 목적론적 질서의 각각의 계기가 된다.

유기적 생명 과정을 수행하는 자연이면서 동시에 자유 의지를 지닌 인간, 그 인간은 자신이 만든 것을 이해하듯이 같은 인간들의 상호 작용으로 도출되는 역사의 목적과 발전 법칙도 파악할 수 있다. 근대 과학과 근대 철학이 사물의 본질에 대한 관심에서 방법에 대한 관심으로 전환하여 부각시킨 사고는 자연을 과정과 목적론적 질서로 이해하면서 패러다임 전환을 야기했다.

과정적 사고는 근대 후기에 확산되지만, 진리는 한꺼번에 주어지는 객관적인 것이 아니라 '시간적 과정' 속에서 전개되는 논리적 과정이라는 헤겔의 주장 속에 함축되어 있다. 헤겔은 과정적 사고를 역사에 투영하여 점차로 실현되는 세계사의 발전 법칙으로 전환시킨다.

근대 과학의 자연 이해 방식이 철학자에게 영향을 미쳤고, 아직 도래하지 않은 미래까지 포함하는 역사 발전 법칙을 산출했다면, 미지의 세계인 미래는 이제 기지의 세계로 바뀌는가?

4. 과정적 사고의 후폭풍: 역사 발전론에 대한 도전으로

과정적 사고는 근대에 역사의 발전 법칙이라는 파급 효과를 낳았다. 그러나 현대 과학으로 넘어 오면서 오히려 발전 법칙을 파괴하게 된다. 과학 기술이 폭발적으로 발전하면서 과정적 사고의 새로운 면이 드러났다. 과학 이론은 법칙의 필연성에 기초하지만, 이전 법칙이나 필연성을 번복하는 새로운 법칙이 발견된다. 심지어 서로 모순되는 '과거의 법칙과 새로운 법칙'의 공존도 생겨난다.

가령 베르너 하이젠베르크(Werner Heisenberg)는 『핵 과학의 철학적 문제들』에서 "핵물리학의 새로운 결과 중에서 가장 중요한 것은 매우 다른 유형의 자연법칙들을 모순 없이 한 가지 동일한 물리적 사건에 적용할 수 있는 가능성을 인정한 점이다."(72쪽)라고 주장한다. 이것은 자연에 대한 인간의 태도를 바꿔 놓는다. 근대에는 인간이 인위적으로 만들 수 있는 것이면서 인간이 알 수 있는 것은 역사였지만, 현대에 들어서면 '기술'이 인간의 인위적 생산과 파악 가능성을 대표하게 된다.

과학 기술은 전적으로 인간의 작품이다. 때문에 역사와 자연의 경계도 흐릿해진다. 예전에는 유전자 지도를 그리는 데 급급했는데, 이제는 그것을 이용하여 유전자 조작을 시도한다. 이렇게 나아간다면, 설령 인간이 자연을 창조하진 못해도 '현대의 과학 기술'과 '서로 역설적인 과학 법칙들'에 기초하여 '새로운 자연 과정'을 시작할 수는 있다.

해나 아렌트(Hanna Arendt)는 『과거와 미래 사이(*Between Past And Future*)』에서 "인간의 개입 없이는 발생하지 않았을 자연적 과정 역시도 시작할 수 있다."(84쪽)라고 주장한다. 역사를 만드는 것처럼 자연을 만들 수 있다. 가령 원자 분열은 인간이 만든 자연 과정의 한 예이다. 인간은 "자연 자체를 인간 세계 속으로 끌어들였고, 앞서 문명들이 자연 요소와 인공 구조물 사이에 그어 놓았던 경계선을 흐려 버렸다."(87쪽)

이런 과정을 통해 과정적 사고는 이제 얼굴을 바꾸어서 '역사의 발전 법칙을 파괴'한다. 여기에는 이중적 인간 평가가 개입된다. 근대에는 적어도 (1) 인간이 만든 것은 알 수 있다고 했다. 그러나 인간 행위를 자세히 들여다보면 (2) 실제로 인간은 예측 불허이다. (1)과 (2)에 나타나는 '대립되는 인간 이해'를 과정적 사고에 적용하면, (1)이 지배하는 근대 역사관에서 (2)가 지배하는 새로운 현대 역사관으로 나아갈 수 있다. 인간 행위가 예측 불허라면, 법칙이 지배하는 자연에 인간이 개입하여 자연적 과정을 새롭게 시작하게 만들고, 그래서 자연에도 예측 불허를 끌어넣는다.

과학의 예측 불허, 자연 법칙의 예측 불허는 '인간의 예측 불허'와 맞물려 모든 곳에서 일관된 법칙성을 의심하게 만든다. 역사적 시간은 과거, 현재와 미래로 구분되지만, 예측 불허로 인해 미래는 무한히 열리게 된다. 이것은 과거 역사에 대한 이해도 새롭게 해야 한다는 주장을 낳는다. 과거는 '이미 규정되거나 이미 고정된 것'이었는데, 과거에도 개방성을 가지고서 새롭게 접근해 간다. 미래 개방성뿐만 아니라 과거 개방성까지 고려하는 역사관이 등장하여 과거, 현재와 미래의 경계가 불투명해진다.

자연에 과정이 도입되고, 역사도 하나의 과정으로서 목적론적 역사, 종말론적 기대가 18세기에 나타난다. 그러나 자연 과정을 새롭게 시작할 수 있다는 관점이 확산된다면, 역사의 발전 법칙이나 목적론적 기대는 와해된다. 과거와 현재와 미래의 경계가 해체되듯이, 복잡하고 중층적인 얽힘 속에서 미로 같은 역사 진행이 일어난다.

우리는 과학의 주관성과 역사의 주관성을 동시에 논할 수밖에 없는 현대, 자연과 역사의 경계뿐만 아니라 과거와 미래의 경계도 흐려지게 하는 시대에 살고 있다.

이정은 │ 연세 대학교 인문학 연구원 전문 연구원

연세 대학교 철학과에서 학사, 동 대학원에서 석사, 박사 학위를 취득하였고 현재 연세 대학교에 출강하고 있다. 사단 법인 한국 철학 사상 연구회 전문 연구원, 연세 대학교 인문학 연구원 전문 연구원이다. 또한 사단 법인 여성 평화 외교 포럼에서 유엔 결의문 1325를 실천하기 위한 운영 위원으로 활동하고 있다. 박사 논문은 「헤겔 대논리학의 자기의식 이론」(한국 학술 정보 주식회사)이다. 저서로는 『사랑의 철학』, 『사람은 왜 인정받고 싶어 하나』 외 다수의 논문과 다수의 공저가 있다. 사회 철학, 역사 철학, 여성 철학 관련 논문을 생산하면서 전문적 철학 활동과 실천적 삶의 연결고리를 찾고 있다. 철학 전문가와 대중이 경계를 허물고서 더불어 사고하고 서로 심화되고 모두가 철학자가 되는 글쓰기를 모색한다.

4부
과학

과학적 미래와 현실과의 괴리

이기진 | 서강 대학교 물리학과 교수

우리는 언제나 미래에 대한 결론으로 가득 차 행동을 한다. 그러나 미래에 대한 예측은 말 그대로 예측에서 멈출 때가 태반이다. 대표적인 사례로는 2011년 동일본 대지진과 후쿠시마 제1 원자력 발전소 사고를 들 수 있겠다. 엄청난 비용이 투입된 첨단 과학 장치와 만일의 사태를 예견해 만든 수많은 보조 장치들은 정작 사고가 발생하자 우리 상식을 깨 버렸다. 가장 기본적이고 형이하학적인 전제인 '전기가 들어오지 않으면 기계는 작동하지 않는다.' 앞에 무너진 것이다.

학교 실험실이 갑자기 정전을 맞은 적이 있다. 논문을 쓰던 컴퓨터가 픽 하고 제일 먼저 암흑으로 사라졌다. 실험실로 달려가 보니 달빛 한 점 없는 어둠 속이었다. 먼지가 들어오지 못하도록 청정실(淸淨室)로 만들어진 실험실은 그야말로 칠흑 같은 암흑으로 변해 있었다. 실험실의 모든 모터는 멈춰 버렸다. 휴대 전화로 잠시 불을 밝혔지만, 어떤 일도 불가능하다는 것을 확인하는 것 이외에 어둠 속에서 할 수 있는 일이란 많지 않았다. 책을 읽지도, 뜨거운 커피를 마시지도 못하는 채로 그저 전기가 다시 들어오기를 기다리는 것뿐이었다. 고마움을 느끼기 이전에 '무의 세계로 떨어지는 것은 한 순간이구나.'라는 생각부터 들었다.

우리는 마음속에서 항상 미래와 함께 행동한다고 생각한다. 그렇다면 우리는 내일 일어날 일들을 무엇이라도 예측할 수 있는가? 예측이 불가능할 때가 훨씬 더 많다. 가령 개기 일식을 관측하기 위해서 지구의 어느 한 장소로 원정을 떠난다고 하자. 우리는 일식이 일어나는 시간과 장소를 계산하고 예측할 수 있다. 천체 현상이 대부분 우리가 밝혀 놓은 법칙에 따라서 일어난다는 것은 사실이다. 그러나 일식을 성공적으로 관측할 수 있다고는 아무도 장담하지 못한다. 결정적 순간 하늘에 구름이 끼고 흐려진다면 그뿐이다. 급변하는 일기를 누가 정확히 예측하겠는가? 또 원정대 비행기가 엔진 고장을 일으킬 수도 있다. 이런 일은 무수히 많다.

과학으로 미래를 예측하는 것을 목표로 미래학이라는 새로운 분야가 시도되고 있다. 하지만 이들의 예측은 결국 시간이 지나면 누구나 말할 수 있었던, 유치한 발언으로 밝혀지는 경우가 대부분이다. 좋은 예가 우주 시대가 열릴 것이라는 예측이다. 미래학자들은 우주 호텔로 신혼여행을 다녀오는 시대가 곧 열릴 듯 떠들어 댔지만, 우주 계획은 현재 대부분 예산상의 문제로 축소되고 있다. 우주에서의 장기간 체류 역시 안전성이 검증되지 못했다. 높은 고도에서 받는 고선량 우주선(cosmic ray)이 인간에게 얼마나 해를 끼치는지 아직 모르는 것이다.

일본 최초의 우주 비행사 모리 마모루(毛利衛) 박사는 15년 전 우주를 다녀온 후 거창한 프로젝트를 시작했다. 그가 우주에 대한 비전을 이야기할 때 사람들은 그 말을 100퍼센트 신뢰했고, 꿈이 곧 실현될 것으로 생각했다. 그는 수학여행을 우주로 간다는 꿈은 물론이거니와 일본의 반도체 생산이 진공의 우주에서 값싸게 이루어진다고까지 이야기했지만, 현실은 영 딴판이다. 인간의 가사를 대신하리라고 일찍이 예측되었던 로봇은 지금 로봇 청소기라는 이름으로 집안을 돌아다니는 녀석 말고는 없다.

20년 전 산화물 고온 초전도체(oxide high tc superconductors)가 발견되었다. 당시 기초 과학자와 공학자 모두 고온 초전도체의 기초 메커니즘과 응용법 연구에 매달렸다. 그야말로 두 마리 토끼를 다 잡아낼 듯한 기세였지만, 20년이 지난 지금 무엇을 남겼는지는 생각해 볼 일이다. 이론을 밝히면 끝일 줄 알았더니 새로운 의문점이 남았고, 바로 세상에 나올 수 있을 것만 같았던 물건들은 수지 타산이 맞지 않고 제대로인 상품이 하나도 없었다. 이런 과정을 통해 과학의 저변이 확대되었다고 말할 수도 있다. 하지만 첫 단계부터 저변을 생각하지 않은 이상 변명할 여지는 분명 줄어든다.

그렇다면 왜 과학자들은 예측이라는 이름으로 미래의 청사진을 제시하는가? 신문의 과학 면에서 수많은 것들이 새로이 발견되고 발명되었다는 기사를 본다. 그중에는 '저건 대박이다.'라는 생각이 드는 것도 있지만, 모두들 그 발견이 어떤 시행착오를 거쳐 언제쯤 제품으로 나올 수 있는지 정확한 설명이 없다. "앞으로 시험을 거쳐 상용화될 예정입니다." 정도가 전부다. 정확해야 할 이야기가 불확실하고 시간이 지나면 아예 없던 이야기가 된다. 사실 내 연구 역시 이런 범주에 속해 있는지도 모른다.

공동 연구를 하러 아르메니아 공화국 전파 연구소를 자주 간다. 그곳의 환경은 우리와 비교하면 아주 열악하다. 컴퓨터의 화면은 아직도 뚱뚱한 브라운관이다. 우리 실험실에선 그런 물건이 사라진 지 오래다. 컴퓨터 역시 교과서에서나 보던 기기로 가득 차 있다. 그렇지만 기계로 성능을 실험하고 눈으로 확인하는 데는 그 이상이 없을 때도 있다. 여기서 풀리지 않는 문제를 가끔은 그곳에서 해결하곤 한다. 억지 같지만, 시설이 너무 첨단이기 때문에 확인이 곤란할 때도 있는 법이다.

그곳의 환경은 우리와 비교하면 참으로 열악하지만 불편함은 없다. 심적으로는 오히려 더 편하기도 하다. 가끔은 실험실 앞 창문으로 지나가는 양 떼가 보인다. 30년 전에 보았던 풍경이 아직 그대로이다. 창문을 나무틀에서 단열 창으로 바꾼 것뿐, 돌로 지어진 건물 역시 변함없다. 우리의 연구 환경은 첨단이라는 틀 속에서 절차만 더 복잡해지고 처음 취지가 바뀌어 가고 있는 것이 아닌지 생각해 본다.

과학 기술이 이루어 놓은 힘 속에서 개인적인 자유를 얻기도 하지만, 갇혀 있다는 생각을 더 많이 한다. 나만이 알아야 할 신상 기록이 정보 공유라는 이름으로 노출되고 있다. 국가 기관과 기업은 모든 이의 정보를 확보하려 들 것이고 이러한 경향은 확대될 것이 분명하다. 이러한 정보는 행정에 가끔 도움될 때가 있지만, 정치적이나 상업적 목적으로 쉽게 이용될 소지가 다분하다. 결국은 기술적으로 어려웠던 권력과 정보의 집중이 가능해질 것이다. 이러한 문제점이 하나의 실수로 인해 후쿠시마 사고와 같은 재앙으로 발전하지 않으리라는 보장은 없다. 이런 재앙은 다시 되돌리기에 많은 시간이 필요하거나 아니면 회복 불가능한 상태가 될지도 모른다.

사회는 점점 풍요로워지지만, 역설적으로 개인은 그로부터 멀어지기도 한다. 곡창 지대에서 몇 곱절 수확이 늘어나더라도 그것이 개인의 풍요를 의미하지는 않는다. 마찬가지로 보통 개인의 행복으로 이어지는 과학의 발전이 때로는 비극을 만들기도 한다. 가장 간단한 문제를 해결하지 못해 전전긍긍하는 일본 원전의 재앙을 바라보면서, 과학의 형이상학적 영역과 인간의 형이하학적 영역이 서로 연결되지 않는 괴리감을 만들어 낼 수 있다는 생각을 해 본다.

에필로그

쑥스러운 일이긴 하지만 얼마 전 치질 수술을 했다. 대장 내시경 검사를 하기 위해 병원을 찾았을 때 이런 말을 들은 것이 원인이었다.

"앗! 치질이 있네요! 내시경 검사를 하면서 수술하시는 편이 좋겠습니다."

"아프지 않을까요!?"

"당연히 아프지요!"

수술 날짜를 잡고 기다리는 동안 여러 생각이 들었다. 첫 번째, 한 번도 경험해 보지 못한 미래의 아픔을 기다리는 공포였다. 인터넷으로 관련 정보를 알아보았지만 도무지 실감이 나지 않았다. 아픔을 예측하기란 불가능했다. 과거 경험을 떠올려 보아도, 그 또한 이미 과거여서 명백히 떠오르지 않았다. 미래와 비교할 상황이란 없었다.

닥쳐올 아픔을 미리 대비하는 것은 분명히 긴급하고 중요한 일이었지만, 남은 건 그저 추측과 기다림, 미래에 대한 막연한 상상뿐이었다. 수술대에 오르기 전까지는 얼마나 아플지 고통을 결론짓는 일에만 매달렸다. 수술 중에도 '마취가 깨면 얼마나 아플까?'하는 생각이 전부였다. 마취가 깨서야 아픔은 현실이 되었고, 그 아픔은 내

예측을 넘어섰다. 진통제로 해결할 수밖에 다른 방법이 없었다.

고민은 서서히 언제 이 고통이 사라지고 좋아질까라는 방향으로 변해 갔다. 하루하루 내일은 좋아지겠지 기대하면서 3주를 보냈다. 몸이 많이 좋아진 상태인 지금, 당시를 되돌아본다. 얼마나 아팠는지 반추한다. 하지만 그 아픔은 이제 어렴풋하다.

오늘의 뉴스라는 것들도 내일이면 잊혀지고, 1년이 지나면 아무도 기억하지 못할 것들이 대부분이다. 누구나 겪을 수 있는 개인적 아픔은 망각이라는 이름으로 사라질 수 있겠지만, 핵이라는 이름으로 일어난 과학적·기술적 사고는 결코 잊혀서는 안 될 일임은 분명하다.

이기진 | 서강 대학교 물리학과 교수

1960년 서울에서 태어나 서강 대학교에서 물리학을 전공하고 동 대학원에서 이학 박사 학위를 받았다. 그 후 일본 쓰쿠바 대학교 전임 교원과 도쿄 공업 대학교 응용 물리학과에서 전임 교원으로 일했으며, 현재 서강 대학교 정교수로 있다. 지은 책으로『깜까의 우주 탐험』,『제대로 노는 물리 법칙』,『맛있는 물리』,『꼴라쥬 파리』,『보통날의 물리학』등이 있다.

여행에의 초대

이강영 | 경상 대학교 물리 교육과 교수

시인의 눈이, 열광해서 두리번거리며,

하늘에서 땅을 내려다보고, 땅에서 하늘을 우러러본다.

그리고 상상력이,

미지(未知)의 것을 마음속에 그리면, 시인의 펜은

그것에 모양을 만들어 주고, 공허한 무(無)에

살 집과 이름을 준다.

—윌리엄 셰익스피어, 「한 여름밤의 꿈」 5막 1장에서

미지의 존재

미지를 찾아 가 보지 못한 곳을 탐험하고 새로운 것을 찾아내려는 마음은 다른 동물에서는 보기 어려운 인간만의 특징이다. 미지의 존재는 알지 못하는 위험을 불러올 수 있으므로, 일부러 미지의 것을 찾는 행위는 사실 생명체의 자기 보존 본능에 반하는 듯 보이는 이상한 성질이다. 그러나 인간은 위험을 무릅쓰고라도 미지의 세계를 보고 싶다는 욕망을 애초부터 가지고 있는 것 같다. 그래서 인간은

때로는 탐욕스럽게, 때로는 어쩔 수 없이 새로운 현상을 찾고 이해하고 적응해서 자신의 것으로 해 왔다. 그리고 그 결과 인간은 그 어떤 생물 종보다 급격히 번성해서 지구 위 거의 모든 곳에 퍼져 있다.

인간이 미지의 존재를 만나 온 역사는 근대에 들어서면서 과학의 역사와 궤를 같이한다. 갈릴레이 갈릴레오가 망원경으로 달 표면의 산과 크레이터, 목성의 위성을 발견했을 때만 해도 당대의 많은 학자는 고대의 현인들이 언급하지 않은 것이 존재한다는 데 불편함을 느꼈다. 그러나 근대 과학이 확립되고 발전함에 따라 빌헬름 뢴트겐(Wilhelm Röntgen)이 발견한 엑스선, 어니스트 러더퍼드(Ernest Rutherford)가 발견한 원자핵, 카메를링 오너스(Kamerlingh Onnes)가 발견한 초전도 현상(superconductivity) 등 알지도, 상상도 못 했던 수많은 미지의 존재들이 인간에게 다가왔다. 이제 이 세상에 인간이 모르는 미지의 현상이 엄청나게 많다는 것은 너무나 당연한 사실로 받아들여지며 그러한 현상에 이르는 가장 중요한 길이 과학 기술이라는 데에도 대부분의 사람이 동의한다. 다르게 표현하자면, 과학과 기술이 발전하면서 인간이 경험하고 관찰하는 자연 현상은 엄청나게 많아졌으며, 그에 따라 인간은 거대한 미지의 세계로 거침없이 인식의 지평을 넓혀 가고 있다.

그런데 미지의 존재를 미리 상상할 수 있을까? 듣지도 보지도 못하고, 상상도 해 본 일이 없는 존재를 알 수 있을까? 경험해 보지 않고 무엇인가를 예측한다는 것이 가능할까? 위대한 과학적 발견은 사실 우연히 얻어진 것이 더 많을 것이다. 가 보지 않은 길에서 무엇을 맞닥뜨리게 될지를 미리 알지 못하는 건 당연하다. 그러나 놀랍게도 이전에는 전혀 보지도, 알지도, 상상하지도 못했던 존재가 인간의 정신 속에서 먼저 나타나는 일도 과학의 역사에는 드물지 않게 있다. 마치 신탁이라도 들은 것처럼.

양전자

미국 캘리포니아 공과 대학교의 칼 앤더슨(Carl Anderson)은 1930년에 학위를 받고 노벨상 수상자인 로버트 밀리컨(Robert Millikan)의 지도로 우주선을 검출하는 실험을 했다. 우주선이란 여러 가지 이유로 우주 공간에 튀어나와서 날아다니는 양성자, 알파 입자(alpha particle), 전자 등을 말한다. 우주선이 지구에 가까이 오면 대기권의 공기 분자와 충돌해서 여러 가지 반응을 일으키는데, 이를 검출기를 통해서 관찰하는 것은 천체 물리학과 입자 물리학의 중요한 연구 분야다. 그의 검출기인 안개상자에서 찍은 사진을 분석하던 앤더슨은, 1932년 8월 이상한 흔적을 발견한다.

1932년이라면 영국 캐번디시 연구소에서 제임스 채드윅(James Chadwick)이 중성자(neutron)를 막 발견했을 때다. 그래서 물질의 근본은 양성자와 중성자와 전자라는 세 기본 입자이며, 양성자와 중성자가 원자핵을 이루고 원자핵과 그 주변에 있는 전자가 원자를 이루어서, 이렇게 만들어진 원자가 우리 세상의 모든 물질을 이룬다고 이해되었다. 양성자-중성자-전자의 전기는 각각 (+, 0, −)이고 양성자와 중성자는 거의 같은 질량을 가지고 있으며 전자는 이들보다 2,000배나 가벼웠으므로 양성자와 중성자와 전자의 성질은 분명한 패턴을 보여 주고 있었다. 이제 조금만 더 나가서 이들 기본 입자의 의미를 알아내면 물질의 근원 구조를 완전히 이해할 것으로 보였다.

그런데 앤더슨이 발견한 흔적은 아주 기이했다. 그 입자는 전자의 질량에 양성자의 전기(electric charge)를 가진 것으로 보였기 때문이다. 전자와 양성자의 전기는 부호가 서로 반대고 질량은 크게 차이가 나므로, 관찰이 잘못되었을 가능성은 전혀 없었다. 그렇다면 앤더슨이 발견한 것은 완전히 새로운 입자, 더구나 원자 안에 들어 있지 않은 입자다. 앤더슨은 진정한 미지의 세계를 엿본 것이다.

그런데 사실 이 미지의 존재를 순수하게 이론적인 눈으로도 이미 바라본 사람이 있었다. 1928년 영국 케임브리지 대학교의 폴 디랙(Paul Dirac)은 알베르트 아인슈타인의 상대성 이론에 맞는 전자의 양자 역학 방정식을 만들어 냈다. 이것은 양자 역학을 탄생시킨 대륙의 여러 물리학자가 애쓰던 일을, 당시로는 새로운 원자론의 변방이라 할 케임브리지에서, 물리학에 뛰어든 지 얼마 되지도 않은 젊은 이가 해낸 빛나는 이론적 업적이었다. 그런데 이 방정식의 진가는 그뿐만이 아니었다. 여기에는 디랙 본인도 예상치 못한 두 가지 의미가 숨어 있었다.

하나는 전자의 스핀이라고 불리는 성질이었다. 스핀은 전자의 양자 역학적인 상태를 나타내는 성질로서 이미 알려졌고 볼프강 파울리(Wolfgang Pauli) 등을 통해 수학적인 구조도 알려져 있었다. 그러나 이전의 에르빈 슈뢰딩거(Erwin Schrödinger)의 양자 역학 방정식으로는 전자의 스핀 상태를 자연스럽게 나타낼 수가 없었다. 그런데 디랙의 방정식을 풀면 저절로 전자의 두 가지 스핀 상태에 해당하는 답이 나왔다. 놀라운 일이었다. 사람들은 디랙의 방정식이야말로 전자의 진정한 양자 역학 방정식이라고 생각했다. 그런데 이 방정식에서 더욱 괴상한 것은, 전자를 가리키는 답과 함께 전하가 전자와 반대로 (+)인 상태의 답도 나온다는 것이었다. 그런 답에 해당하는 입자는 자연에 존재하지 않았다. 적어도 당시까지 사람들이 아는 바로는.

앤더슨이 신중하게 발표한 실험 결과에 의하면 그가 발견한 입자는 정확히 전하가 (+)인 전자였다. 디랙이 순수하게 물리학 원리만을 가지고 유도한 방정식에서 이론적인 답으로 등장한 입자가 놀랍게도 자연에 정말로 존재하고 있던 것이다. 디랙의 방정식은 사람들이 생각했던 것보다 더 옳은 방정식이었다.

어떻게 그런 일이 가능할까? 디랙이 양전자(positron)라는 존재를 의도하지도, 아니 상상하지도 않았다는 것은 명백하다. 심지어 디랙은 처음에 (+) 전하를 가진 답을, 당시 유일하게 알려진 (+) 전하를 가진 입자인 양성자라고 해석했다가 동료들에게 놀림을 받기까지 했다. 이론이 그것을 만든 사람조차 생각하지 못한 이야기를 해 준 것이다.

디랙은 반대의 전하를 가진 전자를 반전자(anti-electron)라고 불렀지만, 디랙의 이론을 알지 못했던 앤더슨은 그의 논문에서 새로운 입자를 양의 전자(positive electron)라고 표현하고 양전자라고 이름 붙였다. 그는 또한 같은 논문에서 보통의 전자는 대칭적으로 음전자(negatron)라고 불러야 할 것이라고 했다. 그러나 음전자라는 말은 쓰이지 않았고 전자-양전자라는 이름으로 정착되었다. 이후 모든 입자가 반입자(anti-particle)를 가진다는 것이 알려지고, 양성자의 반입자를 비롯한 모든 입자의 반입자가 발견되었다. 이 중에서 오직 양전자만 앤더슨이 붙인 대로 특별한 이름이고, 다른 모든 반입자는 디랙이 붙인 이름처럼 원래 입자의 이름에 반(anti-)이라는 접두어를 붙여서 부른다. 양전자는 인간이 처음으로 발견한 반물질(anti-matter)이다.

오메가 입자(Ω^-)

양전자 발견 이후에도 우주선의 연구를 통해서 전자와 똑같으면서 200배 무거운 입자인 뮤온(muon), 원자핵과 깊은 관계가 있는 파이온(pion), 그리고 파이온보다 더 무거운 케이온(kaon) 등의 입자가 발견되었다. 또한 입자 가속기가 빠르게 발전하여 1950년대에 들어서면서부터는 가속기를 통한 연구가 입자 연구의 중심을 이루었는데, 가속기를 이용해서 더 높은 에너지의 세계를 체계적으로 탐구함에 따라 엄청나게 많은 종류의 입자가 발견되기 시작했다. 마치 판도라의 상자가 열린 것 같았다.

　사람들은 이 입자들이 대체 무엇인지, 우리가 사는 세상의 물질과 무슨 상관이 있는지 이해하지 못해서 혼란에 빠졌다. 이 세상 모든 물질이 원자로 되어 있다는 것은, 수천 년 전부터 물질이란 무엇인가를 놓고 숙고해 온 인간이 20세기 초반에 마침내 이룩한 위대한 과학적 통찰이다. 리처드 파인만(Richard Feynman)은 만물이 원자로 되어 있다는 것이야말로 인류 문명의 가장 중요한 키워드라고까지 말했다. 그런데 새로 발견되는 입자들은 양성자-중성자-전자로 이루어진 원자와는 아무 상관도 없어 보이는 것이다. 원자와 무관한 입자를 어떻게 이해해야 하는가? 이 입자가 없어도 원자로 이루어진 물질 세상은 아무 변화가 없을 것 같은데, 대체 이 입자들은 왜 존재하는 걸까? 거대한 미지의 세계가 바야흐로 입구를 드러내기 시작하고 있었다.

　이 혼란을 수습할 실마리가 잡힌 것은 미국의 머리 겔만(Murrey Gell-Mann)과 이스라엘 출신으로 영국에서 공부하던 유발 네만(Yuval Ne'eman)에 의해서다. 이들은 대서양을 사이에 둔 채 서로의 존재를 전혀 알지 못했지만, 비슷한 시기에 거의 같은 내용의 논문을 발표했다. 그들의 논문은 수학적으로 SU(3)라고 부르는 대칭성이 입자들 사이의 숨은 질서(underlying structure)임을 밝힌 것이었다.

1962년 뉴욕의 로체스터 학회에서 만난 두 사람은 그들의 이론에 따르면 어떤 성질을 가진 입자가 꼭 존재해야 함을 유추했다. 겔만은 이 입자를 오메가(-)(omega-, Ω^-)라고 불렀다. 미국 브룩헤이븐 국립 연구소(Brookhaven national laboratory, BNL)에서 온 실험 물리학자 니컬러스 사미오스(Nicholas Samios)는 학회에서 겔만과 네만이 제안한 새로운 입자에 관심을 가졌다. 그는 돌아가서 당시 최대의 가속기였던 브룩헤이븐 연구소의 AGS를 이용해서 오메가(-) 입자를 찾기 시작했다. 10만 장이 넘는 사진을 검토한 결과 사미오스는 마침내 1964년 겔만과 네만이 예측한 오메가(-) 입자를 찾아내는 데 성공했다.

오메가(-) 입자의 질량은 겔만과 네만이 추산한 그대로였다. 그들의 제안이 없었다면 10만 장의 사진 속에서 오메가(-) (Ω^-)입자를 발견하기는 아마도 불가능했을 것이다. 인간이 전혀 알지 못하던 미지의 입자를 겔만과 네만은 순전히 이론적으로 예측했던 것이다.

자연의 숨은 구조

여기서 예로 든 양전자와 오메가 입자는 실험실에서 발견되기까지 아무도 본 적이 없는 존재다. 우리가 매일 보고 듣고 느끼는 자연 현상은 물론이고 그때까지의 어떤 과학 실험도 그 존재의 실마리조차 보여 준 일이 없었다. 디랙이 상대론적인 양자 역학 방정식을 만들고, 겔만이 SU(3) 대칭성을 연구한 것은 양전자와 오메가 입자를 표현하기 위한 것이 아니었다. 그러나 그들의 이론은 놀랍도록 정확하게 이들 입자의 존재와 그 성질을 예측해 냈다. 미지의 새로운 입자를 어떻게 이론이 예측할 수 있는가? 의도하지 않았던 정답이 어떻게 방정식 안에 저절로 들어 있을 수 있는가?

정말로 옳은 물리학 법칙이라면 특정한 현상을 기술하는 것이 아니라 자연의 배후 구조를 담고 있어야 한다. 그럴 때 이론은 보편성을 갖고, 단순한 방정식만으로도 엄청나게 복잡하고 다양한 이야기를 할 수 있다. 방정식이 세상의 숨은 원리라면 방정식의 답은 우리 눈앞에 펼쳐지는 자연 현상이다. 방정식은 단순하지만, 그 답은 얼마든지 복잡할 수 있다. 방정식은 단순해서 아름답고 그 답은 복잡해서 아름답다.

자연 현상에 숨어 있는 구조를 찾아내는 것이 바로 과학자가 하는 일이다. 그중에서도 지극히 보편적인 구조를 무심하고 복잡한 자연 현상 속에서 읽어 내는 것은 특별히 예민한 정신일 것이다. 그것이 우리가 아는 위대한 이론이다. 뉴턴이 운동의 법칙을 알아낸 것과 아인슈타인이 상대성 이론을 만든 것은 자연 현상 속에서 보편적인 구조와 패턴을 읽어 낸 것이다. 디랙도 겔만도 마찬가지다. 디랙과 겔만이 양전자와 오메가 입자의 존재를 예언한 것은 마법도 신탁도 아니며 그들이 자연의 진짜 구조를, 적어도 그 일부를 발견했다는 증거인 것이다. 그렇게 읽어 낸 구조에 과학자들은 형태를 주고 이름을 붙여서 이론을 만든다. 마치 시인의 펜이 마음속의 상상을 시(詩)라는 형태로 바꾸어 놓는 것처럼.

과학자들이 숨어 있는 구조를 찾아내기 위해서는 어떻게 해야 하는가? 아마도 정답은 없을 것이다. 그러나 적어도 어떤 자연 현상을 충분히 관찰하고 이해해서, 과학자의 정신이 그것 속에 잠겨야 할 것이라는 생각은 든다. 뉴턴에게 그것은 천체의 움직임이었고 아인슈타인에게는 빛이었다. 1920년대의 젊은 물리학자들은 분광학 자료를 비롯한 원자의 여러 가지 실험 결과로부터 양자 역학을 만들어냈고, 겔만과 네만은 1950년대에 가속기에서 나온 풍부한 실험 결과로부터 SU(3)라는 대칭성을 찾아냈다. 자연 현상이 충분히 주어지지 않고는 자연 과학이 발전한다는 것이 가능할 리가 없다. 그래서 미지의 세계를 탐험하고 새로운 자연 현상을 발견하는 일은 누구에게나 매혹적인 일이지만, 과학자에게는 특히 더 그럴 수밖에 없다. 미지의 세계가 자연의 어떤 새로운 숨은 구조를 또 다른 방법으로 보여 줄지도 모르기 때문이다.

LHC

지금 물리학자들은 다시 거대한 미지의 세계와 맞닥뜨리고 있다. 스위스 제네바 외곽에 있는 유럽 입자 물리학 연구소(CERN)는, 원둘레가 무려 27킬로미터에 달하는 역사상 최대의 가속기였던 거대한 전자-양전자 충돌기 실험을 마치고 같은 터널에 이번에는 양성자-양성자 충돌기를 건설했다. 양성자는 전자보다 약 2,000배 무겁기 때문에 같은 크기의 가속기라 해도 출력은 훨씬 크다. 이미 여러 언론을 통해서 잘 알려진 대로 거대 강입자 충돌기(Large hadron collider, LHC)라고 이름 지어진 새 가속기의 출력은 최대 14조 전자볼트(=14 TeV)에 달하는데, 이는 LHC 이전의 최대 가속기 출력의 7배에 이른다. LHC는 2010년 3월부터 최대 에너지의 절반에 해당하는 7조 전자볼트의 에너지로 양성자를 충돌시키는 실험을 시작했다.

LHC가 보여 줄 미지의 세계란 과연 무엇일까? 아인슈타인이 상대성 이론에서 간파한 대로, 물질의 질량은 에너지와 완전히 동등하다. 그러므로 가속기 실험에서 높은 에너지를 낸다는 말은 그만큼 무거운 입자를 실제로 만들어서 직접 관찰한다는 것을 의미한다. 양성자를 14조 전자볼트에서 충돌시켜서 만들 수 있는 입자의 질량은, 입자의 종류와 성질에 따라 크게 달라지기는 하지만 1조 전자볼트 정도에 이를 것으로 예측된다. 이것은 현재까지 발견한 가장 무거운 입자인 톱 쿼크(top quark)의 거의 10배에 달한다.

무거운 입자를 보는 일이 별로 흥이 나지 않는다면, LHC를 통해서 보는 현상을 다른 방법으로 이야기해 보자. 현대 과학이 우리 우주에 대해서 알아낸 가장 중요한 사실은 우주는 빅뱅으로 한 점에서 생겨나서 지금까지 팽창하고 있다는 것이다. 이러한 빅뱅 우주론에 따르면 옛날로 거슬러 갈수록 우주의 크기는 작아지고 온도는 높아진다. 온도는 곧 에너지이므로 LHC가 만들어 내는 높은 에너지 상태는 곧 우주 초기의 높은 온도 상태를 의미한다. 계산해 보면 14조 전자볼트의 에너지로 양성자가 충돌할 때의 상태라는 것은 우주가 빅뱅에 의해 태어나서 약 1조 분의 1초가 지난 후의 상태에 해당한다는 것을 알 수 있다. 즉 LHC를 통해서 우리는 우주가 갓 태어났을 때의 모습을 보는 것이다. 얼마나 놀랍고 가슴 뛰는 미지의 세계인가?

물리학자들은 아주 높은 에너지에서는, 그러니까 우주가 시작하는 순간에는 근본적인 물리 법칙이 모든 것을 지배할 것으로 생각하고 있다. 샤를 보들레르(Charles Baudelaire)가 「여행에의 초대(L'invitation au Voyage)」에서 노래한 대로 "그곳에는 모든 것이 질서와 아름다움(Là, tout n'est qu'ordre et beauté)"인 것이다. 그곳의 질서와 아름다움을 꿈꾸는 인간에게 LHC를 통해 나타날 새로운 미지의 세계가 무엇을 가르쳐 줄지를 우리는 더없는 기대와 흥분으로 기다리고 있다. LHC는 우주의 시작을 향한 '여행에의 초대'다.

이강영 | 경상 대학교 물리 교육과 교수

서울 대학교 물리학과를 졸업하고 KAIST에서 입자 물리학 이론을 전공해서 박사 학위를 받았다. 연세 대학교, 서울 대학교 이론 물리학 연구 센터, 고등 과학원 연구원 및 KAIST, 고려 대학교, 건국 대학교에서 연구 교수를 거치며 가속기에서의 입자 물리학 현상, 힉스 입자, CP 대칭성, 암흑 물질 등에 대해 연구해 왔다. 현재 경상 대학교 물리 교육과 교수로 재직하면서 계속 우주와 물질의 근원에 대해 이론적으로 연구하고 있다.

통섭의 경계

김우재 | 캘리포니아 주립 대학교 샌프란시스코 캠퍼스 박사 후 연구원

과학자들이 예술가와 가진 공통점은 이것뿐이다.: 과학자들은 세상으로부터 은거하기 위해 그의 작업보다 더 나은 방법을 찾을 수 없으며, 세상과 연결되기 위해서도 또한 그렇다.

— 막스 델브뤼크[1]

물리학자들만 통일장 이론을 꿈꾸는 건 아니다. 생물학자들도 그렇다. 에드워드 윌슨(Edward Wilson)은 분과 과학의 통합을 넘어 사회 과학, 인문학, 예술 및 종교 모두를 하나의 원리로 통합하려 한다. 그에게 경계는 무의미하다. 경계는 없거나, 있다 해도 곧 사라질 것이다.

통섭의 경계

'지식의 대통합'이라는 부제가 달린 『통섭』[2]은 지난 몇 년 사이 대한민국의 화두가 되었다. 통섭을 제외하면 경계에 대한 이야기는 불가능한 듯싶다. 통섭이라는 용어가 윌슨의 의도와는 다른 방식으로

확대 재생산되고 있지만, 융합 학문이 국가 프로젝트로 떠오르는 시점에서 통섭이 곡해되는 것은 우연이 아니다. 윌슨이 말하는 지식의 대통합은 위계적이고 단선적인 방식으로 이루어진다. 인문학은 심리학으로, 심리학은 생물학으로, 생물학은 화학으로, 그러다 마침내 물리학 즈음에서 통섭이 마무리된다. 인문학과 자연 과학이 웃으며 화해하는 그런 모습은 결코 아니다.

통섭이라는 번역어가 잘못되었다는 지적이 바로 터져 나왔다. 하지만 그런 비판은 핵심을 놓치고 있다. 통섭이 제국주의적이며 때로는 파시스트적이고 우파 이데올로기의 선봉에 서 있다는 정치적 주장도 있다. 실제로 자연 과학, 특히 생물학으로 다양한 학문을 통일하겠다는 윌슨의 야심찬 주장은 제국주의의 지난 역사를 닮은 것 같기도 하다. 하지만 이러한 정치적 비판도 핵심은 아니다. 윌슨의 책이 과학 철학의 성과들에 무지하다는 주장도 있다. 물론 저자가 책에서 밝혔듯이 이 책은 과학이 아니라 철학이자 사상이다. 하지만 윌슨이 서 있는 위치가 과학자인 한, 그리고 그의 예언자적이며 미래학적인 이러한 주장이 과학의 이름으로 주장되고 있는 한, 과학 철학자들의 비판도 통섭의 위엄에 흠을 내지 못한다.[3]

실은 인문학을 자연 과학으로 포섭하겠다는 윌슨의 시도에 대항하여 인문학자들이 반응하는 방식은, 윌슨의 방식으로 말하자면 가시고기 수컷이 다른 수컷으로부터 자신의 영역을 지키려는 본능쯤으로 이해될지도 모른다. 윌슨의 책을 읽고 이런 생각이 즉시 떠오르지 않았다면 책을 잘못 읽은 것이다. 인문학자들이 저항하면 할수록 그들은 윌슨이 쳐 놓은 그물에 더 깊게 빠져들어 간다. 참담한 일이다.

과학자들이 전면에 나서지 않는다고 불만을 토로하는 이들도 있다. 심지어 황우석 사태를 거론하며 과학자들의 침묵을 비난한다. 황우석 사태가 무명의 생물학도에 의해 해결되었다는 것을 잊은 모양이다. 과학자들이 침묵하는 이유는 두 가지다. 하나는 그들이 윌슨처럼 미래학을 논할 정도로 한가하지 않거나, 또는 침묵이 더욱 무서운 징벌이기 때문이다. 하지만 모든 과학자들이 침묵한 것은 아니다. 『통섭』이 출판되자마자 유전학자 앨런 오(H. Allen Orr)는《보스턴 리뷰(Boston Review)》에 장문의 서평[4]을 실었다. 국내의 학자들 중 누구도 그의 서평을 읽지 않았거나 인용하지 않았을 뿐이다.

'큰 그림'이라는 제목의 서평에서 앨런 오는『통섭』이 즐겁게 읽을 수 있는 책이며, 윌슨은 대체적으로 할 수 있는 말을 한 것이라고 평가한다. 하지만 몇 가지 흠이 존재하는데 앨런 오가 첫 번째로 지적하는 문제는 '철학적 모호함'이다. 철학적 모호함이 문제가 되는 이유는 그것이 이 책이 주장하는 논의의 심장부에 놓여 있기 때문이다. 그의 통섭은 때로는 아주 강한 의미로, 때로는 약한 의미로 표현되고 있다. 두 가지 상반되는 관점을 취하면서 전자를 주장하고 있기 때문에 그의 모호함은 반박의 여지를 언제나 피해 간다.

두 번째 문제는 '철학적 나이브함'이다. 윌슨은 많은 철학적 문제들, 예를 들어 몸과 마음의 문제, 자유 의지, 논리 실증주의의 실패 등에 관해 참으로 빈약한 사고를 하고 있다. 물론 과학자들이 철학에 대해 악명 높을 정도로 직선적인 사고를 하는 건 사실이다. 하지만 그림에도 그의 해결책은 너무나 단순해서 모두를 놀라게 한다. 예를 들어, 논리 실증주의자들의 실패는 그들이 두뇌의 작동 방식을 몰랐기 때문이라는 식이다. 즉 우리가 두뇌의 작동 방식만 알게 되면, 빈 서클의 수많은 학자들이 찾아 헤매던 진실의 성배는 우리 것이 된다.

앨런 오는 버트런드 러셀(Bertrand Russell)의 닭에 대한 비유를 들고 있지만, 실은 노벨 경제학상을 받은 대니얼 카너먼(Daniel Kahneman)의 '확증 편향(confirmation bias)'에 대한 연구에서 윌슨도 자유로울 수는 없다.[5] 사람들은 스스로 아는 것이나 믿는 것과 일치하는 방향으로 모든 정보를 해석하고, 범주화하고, 판단하고, 결정하는 경향이 있다. 윌슨도 사람이다. 윌슨이 실패라고 단정한 논리 실증주의자들은 간단한 삼단 논법으로 앞 문장으로부터 다음과 같은 결론을 끌어낼 것이다. "윌슨이 통섭이라는 의제를 정한 이상 모든 자료들은 그 방향으로 해석되고 판단되고 주장되었을 것이다."라고. 윌슨은 행동 경제학에 통섭되었다.

막스 델브뤼크의 통섭

윌슨이 말한 통섭을 몸으로 이루어 낸 과학자가 있었다. 천문학자로 시작해서 양자 역학으로, 그리고 여기서 멈추지 않고 박테리오파지(bacteriophage)를 이용한 유전학으로 노벨상을 받으며 분자 생물학이라는 학문을 만든, 그런 과학자가 있었다. 그는 닐스 보어(Niels Bohr)의 친구였고, 에르빈 슈뢰딩거의 『생명이란 무엇인가(What is Life?)』에 영감을 불어넣었으며, 제임스 왓슨(James Watson)과 프랜시스 크릭(Francis Crick)은 물론 시모어 벤저(Seymour Benze)와 시드니 브레너(Sydney Brenner)에 이르기까지 다양한 학자와 교류하는 과정에서 조용히 통섭을 이루어 냈다. 하지만 우리는 그를 잘 모른다. 그의 이름은 막스 델브뤼크(Max Delbrück)이다.

막스는 ─ 그는 제자들에게도 자신을 이름으로 부르게 했다 ─ 1906년 독일의 베를린에서 태어났다. 윌슨보다 23년 연상인 셈이다. 과학자로서의 막스의 삶은 성공이라기보다는 실패였다. 사회적으로 그는 분명 성공한 사람이었지만, 물리학에서 생물학으로 옮기면서 그가 꿈꾸던 이상에는 단 한 걸음도 다가서지 못했기 때문이다. 막스라는 인물이 있었기에 분자 생물학자들은 행복했지만, 막스 본인은 행복하지 않았다.[6] 막스의 통섭은 실패와 좌절의 연속이었다. 그 자신에게는 경계가 존재하지 않았지만, 학문의 경계를 넘을 때마다 그는 상처를 입어야만 했다.

막스는 보어가 코펜하겐에서 정초한 '상보성 원리'를 생명에서도 발견하고 싶어 했다. 상보성이란 빛이 가진 두 가지 성질, 즉 입자와 파동으로서의 성질처럼 고전적인 관점에서는 완전히 배타적인 것으로 보이는 현상들이 미시적인 세계에서는 서로 상보적일 수 있다는 생각이다. 입자로서의 빛과, 파동으로서의 빛은 서로를 보완하는 관계일 수 있다. "상호 배타적인 것들은 상보적이다."라는 명제가 막스의 마음을 사로잡았다. 보어의 격려에 힘입어 그는 생물학에서 상보성을 발견하기로 결정했다. 빛의 이중성처럼 생명이라는 현상에도 이중성이 존재한다. 생명은 물질인 동시에 또한 생명이다.

막스는 『통섭』과 같은 책을 쓰면서 경계를 넘는 대신, 직접 질척한 생물학 실험실로 뛰어들었다. 그는 방사선이 초파리에 미치는 영향을 연구하던 러시아의 유전학자 니콜라이 티모페예프레소프스키(Nikolay Timofeev-Ressovsky)와 함께 연구를 진행했다. 미국으로 정치적 망명을 시도하면서, 그는 토머스 모건(Thomas Morgan)의 실험실을 기웃거리기도 했다. 하지만 초파리는 원자처럼 단순하지 않았다. 막스는 생물학에서 물리학의 원자처럼 단순한 실험 재료를 찾고 싶었다. 그리고 박테리아에 감염하는 바이러스를 찾아냈다. 박테리오파지에 대한 연구는 즉시 파지 그룹이라는 소 그룹을 탄생시켰다.

그리고 그는 샐버도어 루리아(Salvador Luria)를 만났다. 복제라는 과정을 통해 물리학의 원리를 생물학에 적용시키고 싶어했던 막스와, 당시로선 추상적인 실체였던 유전자에 관심을 가지고 있던 생물학자 루리아의 목표는 전혀 달랐지만, 둘은 협력하기로 결정했다. 그리고 생물학에서 가장 아름다운 곡선 중 하나인 대장균의 성장 곡선을 완성했다. 1953년 이중 나선 구조가 발견되었고, 분자 생물학이라는 학문이 서서히 그 실체를 드러내는 시절이 다가왔음에도 불구하고 바로 그 학문을 만든 학자는 하나도 행복하지 않았다. 그에겐 생물학이 화학으로 환원된 것으로 보였고, 화학은 그가 관심을 가진 분야가 아니었다. 물리학의 실험 방법론을 지침으로 삼은 분자 생물학의 성공은 막스가 아니었으면 불가능했을 것이다. 그는 표면적으로 분명 통섭을 이루었다. 하지만 그건 막스가 바란 그런 통섭이 아니었다.

모두가 생명의 경이를 자축하던 그 때, 막스는 또 다른 분야에 뛰어들었다. 박테리오파지에서 물리학의 원자에 해당하는 재료를 찾았던 막스는 이번엔 빛과 생명의 상호 작용을 연구할 수 있는 박테리오파지를 찾고 싶어했다. 이제는 거의 아무도 연구하지 않는 어떤 곰팡이가 막스가 찾아낸 해답이었다. 벌써 몇 번이나 경계를 넘었는지 모르지만 여전히 그는 보어의 상보성 원리를 생물학에 적용시키고 싶어 했다. 상보성이란 실재를 기술하는 데 있어 서로 상충되는 두 가지 설명이 실은 상호 보완적일 수 있다는 말이다. 막스는 과학이 모든 대상에 대해 이와 같은 상보성을 발견할 수 있을 때에야 완성된 것이라고 믿었다.[7] 그는 우직할 정도로 자신의 원리에 집착했고, 이 점에 있어 어쩌면 윌슨과 닮았다. 하지만 둘은 다르다.

통섭의 도구

막스는 「생물학을 바라보는 물리학자의 새로워진 시선: 20년이 지난 후에」라는 제목으로 1970년 《사이언스(*Science*)》에 에세이 한 편을 기고한다.[8] 이 글은 자신이 물리학자에서 생물학자로 변신한 과정을 담담히 그리는 회고록이자, 여전히 풀리지 않은 생물학의 문제들을 제기하는 논문이며, 후배들에 대한 응원을 담은 격려사이기도 하다. 어쩌면 이 에세이는 실패의 추억담이다. 하지만 그렇기 때문에 아름다운 기록인지 모른다.

델브뤼크는 이 글을 통해 우리가 아는 것이 아니라 모르는 것들을 끊임없이 강조한다. 신경 생물학과 분자 유전학의 발전에도 불구하고 우리는 여전히 의식, 마음, 인지, 논리적 사고, 언어, 진리가 무엇인지 알지 못한다. 신경 세포의 전기적 신호 전달 과정에 대한 이해가 깊어진다고 해서 우리가 의식과 같은 것을 안다고 가정할 수는 없다. 오히려 우리에겐 더 많은 기초적인 이해가 필요하다. 그리고 그는 『통섭』과 같은 책이 아니라 이러한 연구를 도와줄 곰팡이를 소개한다. 나아가 몸과 마음에 대한 절에 이르러서는 우리가 아무리 의식이 신경 세포의 창발에 의한 것임을 발견하고 그러한 과정에 이르는 과정을 알게 된다 해도, 여전히 남는 문제가 있음을 지적한다. 델브뤼크의 통섭은 이런 것이다.

그는 자신에게 생물학을 가르쳐 준 잘 알려지지 않은 유전학자 티모페예프레소프스키에게 감사의 말을 전한다. 막스의 경계 넘기는 그로 인해 가능했다. 에세이는 우리가 무엇을 모르고 있으며, 그것을 알기 위해 무엇을 해야 하는가에 관한 건설적 대안들로 가득 차 있다. 그는 우리가 알고 있는 것, 알 수 있는 것, 그리고 잘 알지 못하는 것과 우리 지식의 한계를 명확히 알고 있었다. 생물학으로 사회과학을 통합하려는 시도보다 더욱 원대한 꿈을 지니고 있었지만, 막스는 경계를 넘나들 때 결코 결례를 범하지 않았다. 배울 것은 배웠고, 모르는 것은 모른다고 말했으며, 언제나 현장에서 손으로 일했다. 그는 그렇게 경계를 넘었다.

그런 막스의 문하에서 행동과 유전자를 연결시킨 시모어 벤저가 나왔다는 것은 우연이 아니다. 박테리오파지의 돌연변이를 연구하던 벤저가 생소한 행동 생물학으로 뛰어든 것도 경계를 무너뜨린 일이었다. 그리고 윌슨은 "벤저를 믿어라!"라고 외쳤다. 하지만 유감스럽게도 벤저는 막스로부터 나왔다. 하지만 경계를 넘나든 두 학자는 오로지 손으로 말했다. 그리고 자신들이 하고 있는 작업의 한계와 가능성을 동시에 직시하고 있었다. 앨런 오가 긴 서평의 마지막에 말했듯이 윌슨의 통섭이 역설적인 것은 통섭이 과학이 아니라 형이상학임에도 불구하고, 진화론이라는 과학이 이러한 형이상학에 '모든 이유'를 제공했다는 점이다. 그리고 그 '모든 이유'에는 우리의 두뇌로부터 완전한 통섭이 일어날 정도로 그렇게 확실한 지식이 가능한 것인지를 의심하는 일도 포함된다.

윌슨과 거의 동시대를 살았던 막스에게도 물리학과 생물학 사이의 경계를 무너뜨리는 것은 쉬운 일이 아니었다. 20세기를 장식한 양자 역학과 분자 생물학 모두를 자유롭게 넘나들던 경계인조차, 사회 과학이나 철학, 예술이 아닌 이웃한 생물학의 경계에서 멈칫거렸다. 그리고 자신은 실패한 것이라고 생각했다. 하지만 역설적으로 막스는 성공했다. 자신은 꿈을 이루지 못했지만 새로운 학문을 탄생시켰기에, 자신의 한계를 알고 다른 분야의 학자들을 존중했기에 그는 성공할 수 있었다. 그리고 그는 손으로 그걸 이루어 냈다.

윌슨은 『자연주의자』라는 책에서 왓슨이 하버드에 부임한 시절을 기억하며 짜증을 낸다. 새파란 애송이 분자 생물학자의 오만함을 견디기 힘들었던 것 같다. 그리고 새로운 생물학에 맞서 오래된 생물학을 지키고 싶어 했다. 통섭을 시도하는 윌슨도 통섭 당하는 것에 저항하는 가시고기 같던 시절이 있었다. 이걸 '윌슨 역설'이라고 부르도록 하자. 인문학자들에게 조금의 위안이 되리라.

경계 같은 건 원래 없었다. 17세기 학자들의 다양한 관심사가 전문화 이전의 역사라는 이유로, 그들을 폄하할 이유도 없다.[9] 경계는 언제나 모호했고, 지금도 모호하다. 학문의 역사는 지속적인 간섭과 충돌과 화해의 역사였을 뿐이다. 융합과 통섭이란 말장난일 뿐이다. 언제나 융합과 통섭이 있었다. 그리고 그걸 이루어 낸 학자들은 과거에도 지금도 입이 아니라 손으로 그걸 한다. 그것이 경계를 넘고 통섭을 바라는 과학자들이 윌슨에 대해 조용한 이유다.

막스와 벤저라는 2명의 경계인을 거친 노교수의 실험실엔 "유행하는 과학을 하지 말라."는 막스의 말이 걸려 있다. 그 앞에서 이 글을 쓰고 있다. 말이 너무 많았다. 막스의 그 모호한 경계를 사랑한다.

주

1) Delbrück, M. 1978. "Mind from Matter?" *The American Scholar.*

2) 에드워드 윌슨, 최재천, 장대익 옮김 『통섭: 지식의 대통합』, (사이언스북스, 2005).

3) 통섭에 관한 논의는 상당히 많다. 다음 논문에 대략적 개괄이 소개되어 있다. 김동광, 「한국의 "통섭 현상"과 사회 생물학」, 《문화과학》61호, 2010.

4) H. Allen Orr., The Big Picture, 『Consilience: The Unity of Knowledge』 by Edward O. Wilson, *Boston Review* 1998 October/November.

5) 대니얼 카너먼 등 엮음, 『불확실한 상황에서의 판단: 추단법과 편향』 (대우학술총서), 아카넷, 2001.

6) 에른스트 페터 피셔, 전대호 옮김, 『과학을 배반하는 과학』, (해나무, 2009), 428쪽.

7) E.P. Fischer, Max Delbrück, *Genetics* Vol. 177(2007 October), pp. 673~676.

8) Delbrück M., A physicist's renewed look at biology: twenty years later, *Science* 1970 Jun 12;168(937), pp. 1312~1315.

9) 최재천, 「지식의 통섭과 의생학의 재발견」, 제1차 AT(Arts & Technology) 포럼, 2008. 7. 23.

김우재 | 캘리포니아 주립 대학교 샌프란시스코 캠퍼스 박사 후 연구원

초등학교 시절, 방과 후엔 곤충 채집에 빠져 살았다. 콘라트 로렌츠와 리처드 도킨스의 책을 읽고 동물의 행동을 연구하겠다고 결심했다. 한국에선 그런 연구가 불가능하다는 것을 알고 반항심에 바이러스를 연구하는 길에 들어섰다. 그곳에서 분자 생물학의 깊이를 배우고, 동물 행동학과 분자 생물학의 결합을 꿈꾸었다. 그 결과 현재 초파리의 행동을 연구하며 즐겁게 살고 있다. 여전히 한국에선 기초 과학 연구가 불가능하다는 사실에 좌절도 하지만, 그런 나라를 만들기 위해 연구 이외에 이곳저곳에 글을 쓰고 강연도 하는 과학자.

플랑크 에너지를 넘어서

박성찬 | 성균관 대학교 물리학과 교수

2011년 일본에 큰 지진이 덮쳐 많은 분이 어려움을 겪었고 아직도 겪고 계시다. 사실 나 자신이 지진을 불과 이삼 주 사이로 간신히 비켜나 일본 생활을 접고 한국에 들어온 처지이다 보니 남 일 같지가 않다. 내가 있던 곳은 다행히 직접적인 피해는 입지 않았다고 하지만, 주변 분들과 해외에 있는 동료들도 혹시나 일본에서 무슨 일이나 당하지 않았는지 걱정을 많이 해 주셨다. 아닌 게 아니라 나 자신도 참 다행이라 여기며 가슴을 쓸어내리고 있다.

나는 미국에서도 연구원 생활을 했지만, 일본에서의 생활과는 좀 많이 달랐다. 무엇보다 일본은 음식이 아무래도 우리와 가까워서 생활하기에 편했다. 그리고 일본 라면을 아주 좋아했기 때문에 연구소에서 '라멘 클럽'을 만들어 유명 라면 가게를 찾아가기도 하고, 평점을 매기고, 정기 모임을 갖기도 했었다. 한 번은 '라멘의 신'이 운영한다는 도쿄 이케부쿠로의 한 가게에 갔었는데, 한국에서 라면 다큐멘터리를 찍으러 오신 방송국 분들을 만나 인터뷰를 하기도 했다. 연구소 사람들과 소식을 주고받을 때면 라면 먹으러 언제 오느냐는 인사말을 받을 정도이니 나도 나름의 흔적을 남겼나 보다.

내가 일본에서 연구하던 곳은 도쿄 대학교에 몇 년 전 새로 생긴, 아마도 가장 거창한 이름의 연구소로는 순위권에 꼽힐 '우주의 수학과 물리학을 위한 연구소(Institute for the physics and mathematics of the universe, IPMU)'라는 곳이었다. 이 거창한 간판의 연구소엔 실제로 수학자, 물리학자, 천문학자들이 고용되어 있는데, 매일 오후 3시에 가지는 티타임에는 전혀 학문적 배경이 다른 — 물론 다른 분야에 비해선 거리가 좁다고도 할 수 있지만, 여전히 서로의 '언어'가 달라 쉽게 이해하기 힘든 — 사람들이 소립자로부터 우주 팽창, 순수 수학에서 암흑 물질에 이르는 다양한 주제로 함께 이야기를 나누고 또 연구하고 있었다. 현대 물리학의 고도로 추상화된 개념들은 현대 수학을 필요로 하고, 발달한 우주론과 천문학은 입자 물리학적 설명과 이해를 필요로 하므로 분야를 넘어선 공동체가 참으로 매력적인 선택이라는 것은 말할 필요도 없을 것 같다.

2011년 일본 건축상을 받은 IPMU의 새 건물은 구조가 매우 독특해서 방문자들이 오면 늘 즐겁게 이곳저곳을 다니며 설명했던 기억이 난다. 내가 가장 좋아하는 장소는 바로 연구소 중심에 위치한 후지와라 광장 혹은 이탈리아 어로 피아짜 후지와라(Piazza Fujiwara)라고 불리는 넓은 공동 토론장인데, 티타임이 열리는 곳이기도 하고 늘 사람들이 모이던 곳이다. 유럽의 마을 광장(town square)을 모티브로 디자인했다는 이곳은 광장 둘레를 연구실이 마치 유럽의 노변 카페테리아처럼 둘러싸고 있고 중앙에는 넓은 공간에 칠판이 군데군데 서 있어서 삼삼오오 열띤 토론이 벌어지는 모습을 쉽게 목격할 수 있다. 광장 한쪽에는 큰 기둥이 오벨리스크처럼

서 있는데 한쪽 면에는 갈릴레오 갈릴레이의 유명한 말이 인용되어 있다. "우주는 수학이라는 언어로 쓰여 있다.(L'UNIVERSO ÈSCRITTO IN LINGUA MATEMATICA)" 연구소의 기본 철학이 고스란히 잘 담긴 경구라는 생각이 늘 든다.

갈릴레오의 말처럼, '뉴턴의 사과'가 우리 인류의 우주에 대한 생각을 영원히 바꾼 이래로 우주는 더 이상 이해할 수 없고, 두렵기만 한 무엇이 아닌 수학이라는 언어로 쓰인 대단히 구체적이고도 정합적인 대상으로 인식되기 시작했다고 생각한다. 실제로 아이작 뉴턴의 고전 역학이라는 틀(framework)은 행성의 운동, 조석 간만의 차를 비롯하여 대단히 넓은 범위의 물리 현상을 보편적인 '힘과 운동의 법칙'을 통해 이해할 수 있도록 해 주었고, 원자 세계의 미시적인 현상과 빛의 속도에 다다르는 물체의 현상을 이해하기 위한 양자 역학과 상대성 이론이 출현할 길을 열어 주었다. 상대성 이론과 양자 역학, 그리고 이 둘의 정합적 결합인 양자장 이론도 잘 정의된 수학적 언어로 기술되고 있으니 갈릴레오의 프로그램은 현재까지도 지극히 성공적이라고 볼 수 있겠다.

하지만 물리학은 실험 과학이므로 수학적 정합성만으로는 그 진위를 보증하지 못한다. 아무리 아름답고 우아하며 단순한 수학 원리로 기술된 이론이라도 실제 자연 현상을 설명한다는 사실이 정밀한 반복-교차 실험을 통해 밝혀지기 전까지는 '아직 물리학이 아닌' 무언가로 보아야 한다는 것이 물리학을 보는 전통적인 관점이다. 이 "실험 결과를 설명한다."라는 점에서 순수 수학과 이론 물리학이 나뉘며, 전자와 달리 후자는 실제 작동하는 우주의 작동 원리를 기술하는 설명 틀로서 물리학적 지위를 획득한다.

그런데 가끔은 모호한 경우가 발생할 수 있다. 현재 인류가 가지고 있는 실험 기술과 능력이 이론을 뒷받침하는 수준에 아직 미치지 못한 물리학 이론의 경우가 그것인데 비록 매우 구체적인 예측과 설명력을 갖고 있더라도 실험으로 진위가 밝혀지기까지는 오랜 시간이 필요할 수 있다. 큰 대칭군을 이용한 대통일 이론이나 중력의 양자 이론으로 제시된 초끈 이론 등이 이 범주에 든다고 볼 수 있는데, 실제로 이론이 제시된 이후 수십 년이 지났으나 실험으로 진위를 확인하지 못하고 있다. 두 이론은 현재 가속기에서 접근할 수 있는 에너지 한계로 여겨지는 테라 전자볼트(tera-electronvolt=10^{12}eV)에 비해 현저히 큰 에너지, 소위 '플랑크 에너지(planck energy)'에 매우 가까이 접근해야 실험적으로 관측 가능한 효과를 만들어 내는 것으로 여겨진다.

플랑크 에너지는 양자 역학의 실마리를 발견한 독일의 이론 물리학자 막스 플랑크의 이름을 따서 정해진 에너지 단위로 그 크기는 중력을 결정짓는 뉴턴 상수 G, 양자 역학의 불확정성을 나타내는 플랑크 상수 $\hbar$, 그리고 상대성 이론의 속도 한계를 나타내는 빛의 진공 전파 속도 c로부터 정해진다. 실제로 이 3개의 기본 상수로 구성할 수 있는 에너지 단위는 유일한데, 앞서 말한 것처럼 매우 높은(($\hbar c/G)^{1/2}=1.22\times10^{28}$eV) 에너지이다. 이 에너지는 상상할 수 있는 최소 블랙홀의 질량에 해당하며, 호킹-베켄슈타인 법칙에 따르면 가장 뜨거운 블랙홀의 질량이기도 하다. 플랑크 에너지에 해당하는 길이 단위는 '플랑크 길이(($\hbar G/c^3)^{1/2}=1.61\times10^{-35}$m))'로 우주가 태초에 가진 최소의 크기로 생각된다. 이는 최소 크기 블랙홀의 사건 지평선의 크기이기도 하다.

이렇게 짧은 길이에서 발생하는 물리 현상에는 중력의 양자 역학적 효과가 매우 중요해지며 중력 자체가 다른 기본적 상호 작용, 즉 약전자기력과 강한 핵력에 비해 오히려 더욱 강해질 것이다. 여기서 현재 인류가 알아낸 힘의 기본 원리인 국소적 게이지 대칭성(local gauge symmetry)에 바탕을 둔 양자 국소 게이지 장이론(quantum local gauge field theory)은 그 한계에 달해 반드시 새로운 양자 중력 이론으로 대치되어야 할 것으로 생각된다. 따라서 물리학에서 플랑크 에너지를 넘어서는 것은 비단 에너지의 한계를 뛰어넘는 것뿐만 아니라 자연에 대해 한 단계 높은 근본적 이해에 도달하는 질적인 변화를 겪게 된다는 의미이기도 하다.

그렇다면 우리는 언제, 그리고 어떻게 플랑크 에너지에 도달하게 될까? 단순해 보이지만 실은 매우 어려운 질문이다. 그 이유는 부분적으로는 우리의 기술 진보가 얼마나 빨리 효과적으로 이루어질지 예측하기 어렵기 때문이고, 부분적으로는 플랑크 에너지에 대한 정확한 이해 자체가 부재하기 때문이다.

이론 물리학자들이 누리는 마음속 사고 실험의 자유 속에서 플랑크 에너지는 매우 다양한 모습으로 나타난다. 여분 차원을 동반한 고차원 중력 이론의 낮은 에너지 유효 이론(low energy effective theory)에서 플랑크 에너지는 더 근원적인 에너지 단위에서 유도된 값으로 나타난다. 10^{500}개의 다우주(multiverse) 이론에서 플랑크 에너지는 가능한 여러 값 중에서 선택된 값으로 이해된다. 여기서 '유도'와 '선택'의 원리는 또다시 새로운 종류의 가정과 물리학적 이해를 요구한다. 이론적 가능성의 다양함에 비해 옳은 가능성을 발견하게 해 줄 실험적 증거는 턱없이 부족한 것이 현재 상황이다.

지난 10여 년간 한 가지 아이디어가 큰 관심을 끌었다. 여분 차원이 충분히 강하게 휘어져 있는 경우(highly warped extra dimension) 중력의 세기는 여분 차원 방향의 위치에 크게 의존하는데, 특히 힉스 입자가 놓여 있는 위치가 중력자의 국소화된 위치(localized position)에서 충분히 멀리 떨어져 있다면 힉스 입자가 야기하는 '약전자기력의 깨짐이 발생하는 에너지 스케일이 플랑크 에너지보다 현저히 낮다.' 혹은 반대로 '플랑크 에너지 단위가 약전자기 에너지 스케일보다 현저히 높다.'라는 실험적 사실을 쉽게 이해할 수 있다는 것이 밝혀졌기 때문이다. '게이지 위계 문제'로 불리는 이 문제의 해법은 전통적으로 시공간의 대칭성을 확장한 소위 '초대칭성'이 매우 낮은 에너지에서 깨어진다는 가정에 근거했는데, 이 새로운 여분 차원의 구조에 기인한 해법은 전혀 새로운 종류의 현상을 예측하므로 이론적으로뿐만 아니라 실험 및 현상론적으로 대단히 흥미로운 가능성을 열어 주었다.

최근 스위스 제네바와 프랑스 국경 지대의 한 지점은 태양계에서 가장 추우며 또 동시에 가장 에너지 밀도가 높은 곳이 되었다. 바로 거대 강입자 충돌기(LHC)의 초전도 자석으로 유도된 초고에너지 양성자 빔이 충돌하는 과정이 만들어 내는 흥미로운 물리학적 환경 때문이다. LHC에서는 정지 질량 에너지의 대략 3,500배에 달하는 에너지로 가속된 양성자들이 서로 반대 방향으로 달려와 충돌하며 빅뱅 이후 가장 극적인 상황을 연출한다. 그 흔적은 아파트 한 채 크기의 입자 검출기에 남아 테라 전자볼트 에너지에서 약전자기 대칭성의 깨짐 과정에 숨겨진 깊은 물리학을 힉스 입자를 통해 드러내었다. 입자가 질량을 갖게 되는 근본 이유가 우리 우주가 거대한 힉스-

초전도체라는 물리학자들의 오랜 믿음의 진위를 밝혀 낸 것이다.

만약 게이지 위계 문제가 정말로 의미 있는 가이드 역할을 해 준다면, 자연의 더 깊은 초대칭성과 여분 차원 시공간의 구조에 대한 직접·간접적 힌트를 얻게 될 것이다. 초대칭성이 예측하는 새로운 입자들이 발견될 것이며, 여분 차원을 통해 날아가는 입자들 그리고 강해진 중력 덕분에 발생하는 미니 블랙홀의 흔적이 나타날 수도 있다. 물론 이 모든 새로운 발견은 궁극적으로 플랑크 에너지에 닿아 있는 길의 방향을 안내해 줄 가이드가 될 것이다. 미개척지로 나아가는 개척자들에게 지금 그리고 앞으로 10~20년간이 더없이 큰 기회가 되어 줄 것으로 나는 믿는다.

박성찬 | 성균관 대학교 물리학과 교수

2002년 서울 대학교에서 입자 물리학 이론 전공으로 박사 학위를 받고 고등 과학원, 미국 코넬 대학교 뉴먼 연구소, 일본 도쿄 대학교 수리 물리학 연구소에서 연구하였다. 2012년 3월부터 성균관 대학교 물리학과 교수로 재직 중이다.

재야 과학자들, 그리고 과학과 비과학의 경계

김찬주 | 이화 여자 대학교 물리학과 교수

물리학을 하다 보면 종종 소위 '재야 과학자'들과 접촉하게 된다. 이들은 주류 과학 이론을 이해하지 못한 상태에서 자신이 새로운 이론을 만들었다며 무의미한 주장을 늘어놓는다. 이들은 자신이 절대적으로 옳다고 확신하고 이에 반하는 것은 모두 배척한다. 처음에는 대개 자신의 이론을 지지해 줄 주류 과학자들을 찾아다니지만, 보통은 말을 꺼내기도 전에 문전 박대를 당한다. 그러면 이들은 자신의 이론이 너무 획기적이어서 판에 박힌 생각만 하는 기존 학자들이 이해를 못 하거나 밥그릇을 빼앗길 것이 두려워 외면하는 것으로 생각하고 독자적인 투쟁에 나선다.

처음 만났던 재야 과학자는 내가 대학원생이었던 시절 연구실에 찾아온 영구 기관 연구자였다. 처음에는 교수님 연구실을 두드렸겠지만 쫓겨나서 학생들 방에 온 것이었으리라. 펌프 기술자였는데 펌프 효율을 높이기 위해 이리저리 궁리하다가 영구 기관에 빠진 사람이었다. 그 사람에겐 일생이 걸린 중요한 문제일 수도 있겠다 싶어 나는 꽤 오랫동안 이야기를 듣고 문제점을 지적해 주었다. 실망하여 돌아가는 그의 뒷모습을 보며 한 인간을 구원했다는 생각에 뿌듯하기까지 했다.

하지만 그것은 착각이었다. 그는 일주일 후 자신의 주장을 살짝 바꿔서 다시 나타났다. 이런 일이 서너 번 되풀이되자 결국 서로는 서로를 포기하게 되었다. 그 사람은 자신의 이야기를 들어줄 다른 사람을 찾아 떠나갔다. 돌이켜 보면 많은 재야 과학자 중에 그래도 이 사람이 가장 현실에 땅을 딛고 있었던 사람인 것 같다.

그 이후에도 수많은 재야 과학자들을 볼 수 있었다. 주위에는 언제나 자기 이론의 진가를 알아볼 혜안을 가진 사람을 찾는 재야 과학자들로 넘쳐났다. 어떤 사람은 돈을 털어 자신의 이론을 담은 책을 여러 권 자비 출판하기도 했고, 어떤 사람은 한국 물리학회에서 구두 발표 시간을 독점하며 여러 개의 논문을 발표하기도 했다. 평범한 직장인, 대농장을 경영하는 농부, 산에서 수십 년간 도를 닦았다는 도인, 아예 영구 기관 회사를 차리고 투자자를 모으던 사람도 있었다.

의외의 경우도 있었다. 서울 대학교를 나와 유학까지 다녀온 후 과학 기사를 다루다가 재야 과학자가 된 어떤 기자, 서울 대학교와 학교 선생님을 거쳐 교회 목사가 된 뒤 상대성 이론의 오류를 연구하던 사람, 뉴턴의 오류를 발견했다고 주장하던 어떤 KAIST 박사 과정 학생, 심지어는 고등학교 현직 물리 교사에 이르기까지……. 아인슈타인보다 위대한 과학자를 꿈꾸며 주류 이론에 반기를 드는 재야 과학자는 출신이 아주 다양하다.

가장 놀라운 사례는 최근에 발생한 소위 제로존 사건이다. 이 사건이 무엇보다 충격적인 것은 석학급 학자를 포함하여 다수의 주류

학자들이 관계되어 있다는 점이다. 이 사건은 아직도 해결되지 않았으며 현재 국제적으로 비화된 상태이다. 이 사건은 2007년 한 월간지에 실린 3편의 기사로 대중에게 알려졌다. 모 치과 의사가 모든 차원을 하나로 통합하고 모든 과학 언어를 수로 통일하여 바벨탑 이전의 세계를 복원하는 제로존 이론을 완성했다는 것이다. 아인슈타인의 한계를 뛰어넘었고 노벨상 0순위이며 이제 인류는 새로운 시대를 맞이하게 되었다고 한다.

전형적인 재야 과학자의 주장이 유명 월간지에 특종으로 실린 데에는 그만한 배경이 있었다. 10여 년간 이 재야 과학자는 학연과 천부경 등의 서적을 매개로 언론계 최고위층 인사를 포섭하여 다방면에 인맥을 형성해 왔다. 특히 그가 포섭한 학계 인맥 중에는 저명한 공학자, 수학자, 의학자 등 과학 기술계 인사가 다수 있었고 가장 유명하다는 기업 연구소 최고위층에도 지지자를 확보하였다. 이들의 지원을 받으며 세력을 확장하다가 월간지 특집으로 세상에 모습을 드러낸 것이다.

전문가 집단인 물리학회는 즉시 이 기사를 반박하고 해당 언론사에 사과문 게재를 촉구하였으나, 이미 깊숙이 뿌리를 뻗친 이 사건은 쉽게 끝나지 않았다. 월간지 기사를 쓴 기자는 미래학으로 미국 유학을 떠나 자신의 지도 교수를 포섭하는 데 성공한다. 세계적 지명도가 있는 이 교수는 재야 과학자를 미국으로 초청하여 세미나를 개최하고 다른 연구소 강연을 주선하는가 하면 자신이 편집자로 있는 미래학 학술지에 여러 편의 제로존 이론 논문을 싣기에 이른다. 한편 국내에서는 모 정부 출연 연구소 연구원을 공저자로 하여 내용을 많이 순화하고 논문의 형식적 완성도를 높인 뒤 외국 학회에서 논문을 발표하고 학술지에 게재하는 등 외형적 성공을 거둔다. 이에 힘입어 급기야 2010년에는 한국 과학계의 본산이라 할 수 있는 한국 과학 기술 단체 총연합회(과총)에서 이 이론을 가지고 토론회도 개최하였다. 일부 인사가 물리학계 몰래 추진하여 물의를 빚은 토론회였지만, 이들의 영향력이 어디까지 미치고 있는지를 실감하게 한 사건이었다.

그런데 생각해 보면 놀랍지 않은가? 일개 재야 과학자의 터무니없는 주장에 어떻게 이렇게 많은 사람이 휘둘릴 수 있을까? 혹시 그 이론이 일부라도 옳은 이론일 가능성도 있지 않을까? 그들의 주장처럼 그 이론이 너무 획기적이어서 경직된 생각밖에 못 하는 기존의 물리학자들이 이해를 못하고 있는 것일 수도 있지 않을까? 또는 물리학자들이 밥그릇을 빼앗길 것이 두려워 그 이론을 무작정 외면하고 있는 것이 아닐까?

이러한 의문에 대한 해답의 실마리는 의외로 과총 토론회에서 찾을 수 있다. 그 토론회에서 제로존 이론 지지자로 나온 토론자 세 분은 모두 저명한 이공계 교수들이었다. 그런데 그분들이 토론회에서 밝힌 지지 이유가 뜻밖이었다. 세 분 모두 한결같이 "제로존 이론에 대해서 잘 이해하고 있지는 못하지만……."으로 시작했다. 그다음은 덕담 수준의 발언이 전부였다. 토론회 내내 그분들은 그 이론에 대해 어떤 과학적 토론도 하려 하지 않았다. 그저 단편적인 인상을 바탕으로 내용도 모른 채 막연한 주장을 할 뿐이었다. 나는 정말 놀라지 않을 수 없었다. 자신의 전공 분야에서도 저렇게 판단할까?

해외 석학을 포함하여 국내외 다른 지지자들도 사정은 비슷하다. 언론에 공개된 주류 학자, 명망가 중에 이 분야의 전문가는 단 한 명도 없었다. 공학자, 수학자, 의학자, 미래학자, 철학자, 기자 등이 전부였다. 그들 역시 지지 이유를 물으면 "나는 물리학자가 아니어서 이 이론을 잘 이해하지는 못하지만."으로 시작할 것이다. 그리고선 오직 그 이론이 약속하는 장밋빛 환상만을 되풀이할 것이다.

무엇보다도 놀라운 것은 그들 중 아무도 그 이론을 이해하기 위해 노력하지 않는다는 것이다. 정말 그들의 주장대로 그 이론이 천지가 개벽할 위대한 진리라고 믿는다면, 다른 사람의 판단이 아니라 오로지 '자기 자신의 이성'으로 한 점의 의혹도 남지 않을 때까지 그 이론을 낱낱이 해부하고 이해하려고 노력해야 마땅하다. 일찍이 공자님은 아침에 도를 들으면 저녁에 죽어도 좋다고 하지 않았던가. 하지만 그들은 그런 의지도, 지적 호기심도 없었다. 만약 그랬다면 왜 물리학자들이 그 이론을 무시하는지 진지하게 알아보았을 테니까. 그리고 고등학생 정도면 쉽게 간파할 수 있는 그 이론의 문제를 이내 깨달았을 테니까.

제로존 사건은 현재도 진행 중이다. 점점 악화되고 있는지도 모른다. 가까운 인맥으로 얽힌 지지자들은 "나는 잘 이해하지 못하지만 지지한다."면서 종교처럼 그 이론을 신봉하고 있다. 그리고 지금도 정·관계, 학계, 재계 등 다양하게 지지자를 포섭하고 있다. 그들이 말한 바로는 조만간 연구소가 설립되는 등 가시적 성과가 나올 것이라고 한다. 나는 최악의 경우에도 국민의 세금이 들어가는 불행한 사태만은 일어나지 않기를 바랄 뿐이다.

이 사건을 겪으며 나는 과학과 비과학의 경계가 무엇인지, 그리고 과학자가 무엇인지에 대해 다시 생각하게 되었다.

과학의 세례를 받지 않은 현대 문명사회란 상상하기 어렵다. 나날

이 발전하고 있는 첨단 기기들을 보고 있으면 인간의 삶이 '요람에서 무덤까지' 현대 과학과 함께하고 있다는 생각이 든다. 현대를 과학의 시대라고 부르는 것도, 인류의 미래를 위해 과학에 더 투자해야 한다는 것도, 우리나라의 이공계 기피 현상에 우려가 나오는 것도 모두 현대 문명이 신의 힘을 빌린 기적의 산물이나 「해리 포터」에 나오는 마법의 산물이 아니라 과학의 산물임을 사람들이 알기 때문이다.

하지만 역설적으로 바로 이런 과학의 영향력 때문에 과학의 본질을 오해하고 있는 사람들도 많다. 직업이나 나이와 무관하게 적지 않은 사람들은 여전히 명당을 찾아 묘를 옮기고 점술사에게 자신의 미래를 묻는다. 이들에게 신의 능력이나 마법은 계속 유효하다. 그럼 과학은 무엇일까? 이들에게 과학은 그저 기술과 동의어로서 편리한 기기들을 만들어 내는 현대판 '도깨비 방망이'일 뿐이다. 칼 세이건의 표현을 빌자면 이들에게 이 세상은 여전히 "악령이 출몰하는 세상"이다.

많은 사람이 과학의 중요성에 공감하고 과학에 도깨비 방망이 이상의 가치를 부여하지만, 그것이 과학에 대한 올바른 이해까지 의미하지는 않는다. 나름대로 과학에 관심이 많은 사람조차도 대부분 과학과 지식의 우표 수집을 구분하지 못한다. 이들에게는 세상에서 일어나는 수많은 잡다한 현상에 대해 개별적인 과학적 설명이 백과사전 항목처럼 늘어서 있을 뿐이다. "인간이 현재 과학으로 설명할 수 있는 것보다 설명할 수 없는 것이 훨씬 더 많지 않아요?", "과학이 옳다고 확신하세요? 과학으로 어떤 것을 설명한다 해도 그것을 어떻게 믿을 수 있어요? 그 이론은 나중에 틀릴 수도 있다면서요."

이들은 과학적 설명들이 얼마나 긴밀히 연결되어 통합된 과학 이론을 이루고 과학적 세계관을 형성하는지 알지 못한다. 이들에게 과학의 문화적 가치는 크지 않다. 지성인이 되기 위해 접해야 할 필수 교양 목록에 철학이나 문학, 예술은 들어 있겠지만 과학은 포함되지 않는다. 특별한 분야에만 제한되게 사용할 수 있는 특정 지식은 그 분야의 전문가만 알면 되기 때문이다.

과학에 대한 오해는 일반인만 하는 것이 아니다. 이과 계통에서 일한다고 자동으로 과학을 잘 알게 되지는 않는다. 물론 여기에는 과학자들도 포함된다. 특정 분야에서 전문가로서 명성을 쌓았다 해도 마찬가지이다. 예를 들어 누군가가 "내가 이 이론에 대해 잘 알고 있지는 못하지만……."이라며 어떤 이론을 지지한다면, 그것은 그가 누구이건 간에 과학을 그저 신기한 '도깨비 방망이' 정도로 잘못 알고 하는 행위일 뿐이다. 설령 만에 하나 그 이론이 나중에 정말 위대한 이론으로 판명되더라도 말이다.

무엇이 과학과 비과학, 과학자와 사이비 과학자의 경계를 나누는 것일까? 그것은 겉모습이나 권위, 혹은 명성이 아니다. 특정 과학 지식의 많고 적음도 아니다. 그 기준은 과학적 방법이다. 아는 것과 모르는 것을 구분하고 모르는 것을 모른다고 하는 것, 모르는 것을 지지하지 않는 것, 비판적이고 회의적으로 사고하는 것이 과학적 방법의 시작이라 할 수 있다. 근거 없는 환상에 현혹되어 과정을 무시하고 전문가들의 비판을 외면하는 것은 사이비 과학자의 특성이다.

굴곡이 많았던 역사 때문이겠지만, 결과가 모든 것을 말해 준다는 결과주의는 한국 사회의 어두운 특성 중 하나이다. 이것이 교육에서는 시험 성적 위주의 주입식 교육으로 나타난다. 비판과 검증이 사라진 채 주입되는 단편 지식으로 인해 사람들은 과학적 세계관에

눈뜨지 못하고 모르는 것을 모르는 것으로 깨닫지 못한다. 기껏해야 도깨비 방망이에 열광할 뿐이다. 특히 요즈음 사회 전반에 이런 비과학적 결과주의가 점점 더 만연하는 것 같아 안타깝다. 최근 발생한 사이비 과학 사건은 과학계 내부조차 이런 비판에서 자유롭지 못하다는 것을 보여 준다.

김찬주 | 이화 여자 대학교 물리학과 교수
서울 대학교 물리학과를 졸업하고, 박사 학위를 받았다. 뉴욕 시립 대학교, 한국 고등 과학원, 서울 대학교 물리학과 이론 물리학 연구 센터에서 연구원 생활을 하였으며 서울 대학교 물리학과 BK21 물리 연구단에서 조교수로 재직하였다. 현재 이화 여자 대학교 물리학과 교수이다. 한국 물리학회가 수여하는 백천 물리학상을 받았으며, 2012년에는 그의 강의가 SBS, 대학 교육 협의회, 한국 교육 개발원이 공동으로 선정한 '대학 100대 좋은 강의'에 선정되었다.

근대의 신화와 추락하는 인간

황재찬 | 경북 대학교 천문 대기과학과 교수

21세기가 현생 인류가 지구에서 지배 종으로 군림한 마지막 시대가 될 가능성이 제기되었다. 이 주장에는 한 가지 역설이 있다. 지구에 재앙적인 자연환경 변화가 일어나거나 누군가 악의를 가지고 문제를 일으키는 것이 아니라, 현재 진행 중인 기술의 가속적 발전 때문에 출현 이후 별다른 변화가 없는 인류가 지금의 생물학적인 상태로는 감당하기 어려운 상황을 맞는다는 것이다. 그것도 이번 세기가 지나기 전에! 이 역설에는 조금 다른 측면도 있다. 지금의 세계에서 각자 그저 자신이 맡은 일을 열심히 하다 보니 전혀 의도치 않게 그렇게 됐다는 것이다. 단지 자신들이 하는 일을 조금 더 넓고 사려 깊게 살펴보지 않은 것뿐인데 말이다.

　지구 생명의 역사에 대한 고생물학적 증거를 보면 모든 종의 운명이 멸종임은 확실하다. 그보다 우리 관심을 끄는 것은 멸종의 방식이다. 하나의 종은 돌연히 출현하여 그 정체성이 거의 확실한 상태로 별다른 변화 없이 잘 살다가 갑자기 사라지는 것으로 보인다. 지질학적 시간 규모에서 보면 그렇다. 물론 이러한 화석 증거는 찰스 다윈

이 주장한 우연한 돌연변이와 자연 선택이라는 점진적인 체계와는 맞지 않는다. 점진적인 변화를 보여 주는 화석 종이 없지는 않더라도 극히 예외적이다. 지구에서 실제로 벌어진 이러한 상황을 설명하기 위해 1940년 리처드 골트슈미트(Richard Goldschmidt)는 잠재적 괴물이라는 개념을 도입한다. 원인이 아직 밝혀지지 않은 어떤 이유로 거대한 돌연변이가 짧은 시간 안에 체계적이고 조직적으로 일어난다는 것이다. 주변부에서 성체로 자라난 이 새로운 종은 중심부의 기존 종을 일거에 대체한다. 아마도 생명 그리고 물질이 가진 창조적 잠재성이 상황에 따라 빠르게 발현되는 것으로 보인다. 창조적 잠재성의 발현이라고 표현할 수밖에 없는 상황을 지금의 과학 세계관으로 받아들이기 어렵다면 그것은 유물론, 기계주의, 환원주의라는 특수하고 제한된 시각을 가진 과학의 한계일 뿐, 인간이 창조한 과학의 체계에 자연이 종속되어야 할 이유는 없다.

지구 생명의 역사와 우주에 생명이 존재할 가능성, 그리고 현재 우리 상황에 대하여 생각해 보면 우리가 처한 두 가지 상황이 눈에 띈다.

하나는 인류가 지구라는 행성에 고립되어 있다는 것이다. 태양계는 우리 은하의 오래된 별들과 비교할 때 확실히 후발 주자다. 137억 년으로 추산되는 우주와 우리 은하의 나이에 비해 태양계의 나이는 46억 년이다. 다른 별의 행성에서 지구와 비슷한 상황이 벌어졌다면 외계 문명은 우리보다 수십억 년 앞설 수도 있다. 19세기 영국의 역사가 토머스 칼라일(Thomas Carlyle)은 우리의 기대를 다음과 같이 지적한다. "한 서글픈 전망. 만약 그곳에도 거주자가 있다면, 비참과 어리석음이 도대체 얼마나 넓게 퍼져 있다는 것인가. 만약 살고 있지 않다면, 얼마나 많은 공간의 낭비인가." 하지만 아직 천문학에서 인공적인 것으로 해석되어야만 하는 어떠한 관측도 보고된 바 없다. 이것이 우주 고등 생명에 대해 우리가 가진 유일한 증거인 '거대한 침묵의 문제'이다. 로켓의 등장과 동시에 우주 문명으로 도약할 것을 기약했던 인류에게 이러한 우주의 침묵은 분명 당황스러운 상황이다. 우주 생명으로서 분명 후발 주자임에도 우리는 고립되어 있는 것으로 보인다. 생명이 우주적인 관점에서 그리 특별한 것이 아니라는 요즈음의 기대를 반영한다면, 아마 그들도 자신들의 행성에 고립되어 있을 것이다.

다른 하나의 상황은 인류가 지금 중대한 갈림길에 서 있다는 것이다. 지구 생명의 역사에서 가장 큰 사건은 바로 생명의 탄생이다. 우리는 지구에서 어떻게 생명이 나타났는지 모른다. 그러나 그 이전 지구의 상태를 본다면 생명은 어떻게든 지구에 출현한 것임이 틀림없다. 그것도 지구에 생명이 살 수 있는 환경이 갖추어지기 무섭게 나타난 것으로 보인다. 지금 우리로 이어진 지구 생명의 진화에서 생명의 탄생 다음으로 중요한 사건은 20억 년쯤 전 광합성의 여파로 일어난 산소 환경의 출현일 것이다. 강한 활성을 가진 산소는 그 이전 시대를 수십억 년간 살아온 생명들에게는 맹독성의 치명적인 기체였다. 여기에 또 다른 역설이 담겨 있다. 기존 생명에 치명적 위기를 초래한 산소의 독성을 중화하는 체계를 발명한 새 생명들은 진핵 세포, 다세포, 성의 출현을 낳으며 지구 생명이 일대 도약하는 전기를 마련했다는 것이다. 산소 호흡 자체가 생물의 수명을 제한한다는 보고가 있지만, 산소의 출현이 생명의 일부에게 치명적인 위기를, 동시에 다른 생명에게 도약의 기회를 제공한 것은 분명하다. 위기를 맞은 모든 생명에게 삶은 가혹했을 것이다.

그렇다면 우리가 서 있다는 갈림길은 무엇인가? 우리는 지구 생명의 역사에서 산소의 출현 다음으로 중요한 — 광합성 발명, 캄브리아기 생명 대폭발, 뇌의 발달, 중생대 말 소행성 충돌에 의한 공룡의 몰락, 현생 인류의 출현 같은 사건보다도 더 중대한 — 사건으로 이번 세기에 우리가 그 인공적인 출현을 앞에 둔 사건을 지목하고자 한다. 물론 이는 자신의 꾀에 넘어가 추락하고 만 현생 인류의 어리석음에 대한 우화만을 후세에 남긴 채 막을 내릴 수도 있다. 하지만 그것이 성공적으로 실현되는 경우에는 산소 출현이 지구 생명의 진화에 초래한 사건 못지않은 우주적인 사태가 될 잠재성을 가지고 있다. 그것은 현생 인류의 추락을 동반하겠지만, 지구 생명이 우주 생명으로 도약하는 계기가 될 수도 있다.

그 사건은 무엇인가? 이제까지 자연에 맡겨져 있던 물질과 생물 진화의 경로를 인간이 인위적으로 조작하고 가속하는 것과 기계와 융합한 형태의 생명을 인공적으로 출현시키는 것이다. 유전 공학, 로봇 공학, 정보 공학, 나노 공학, 뇌 과학이 지향하는 방향이 명백하지 않은가! 이 시도가 성공할 경우 새로 출현할 지구의 지배 종은 인류라는 분류 체계를 넘어선 지적·물리적 능력을 소유한 존재가 될 가능성이 있다. 하지만 역설적이게도 이것이야말로 궁극적인 현생 인류의 추락이 아니면 무엇인가? 기술의 가속적 발전에 따른 인류의 팽창으로 지구의 다른 생명은 이미 재앙을 맞고 있다. 21세기를 통과하며 우리가 맞이할 상황은 산소의 출현 때 기존 생명이 겪었던 것만큼 가혹할 수 있다.

특히 유전 공학은 이미 우리의 삶에 아주 가까이 와 있다. 지금 슈

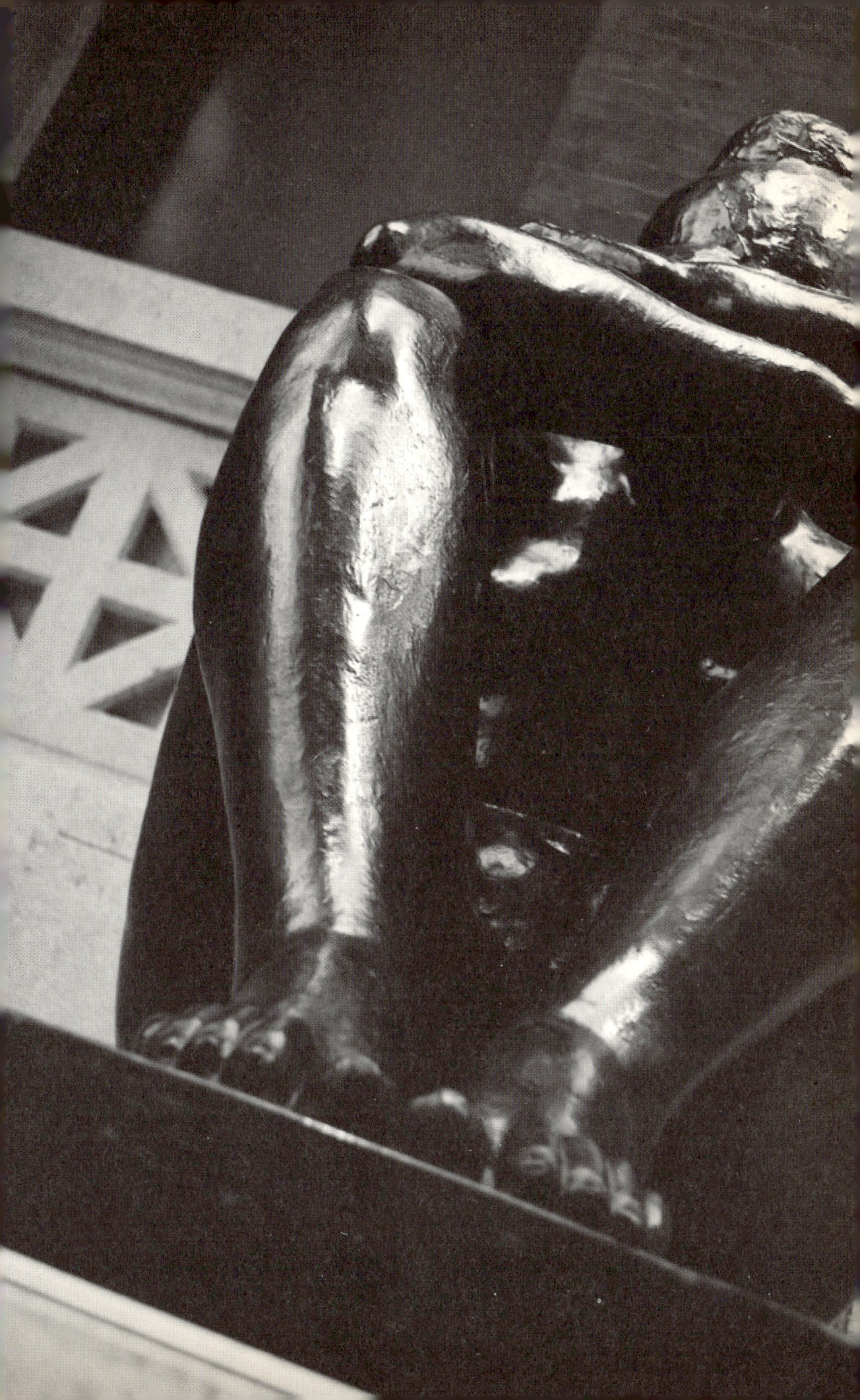

퍼 바이러스나 키메라 창조, 인간 복제, 인간 강화의 가능성을 막고 있는 유일한 장벽은 단지 유전 공학 종사자들의 윤리적 양심일 뿐이라는 지적이 있다. 생명 진화를 인위적으로 조작할 가능성이 이제까지 자연의 과정에 맡겨진 지구 생명의 진화에서 중대한 새 국면을 여는 사태임은 부정할 수 없다. 토마토에 물고기의 유전자가 들어가는 것은 자연에서는 시도조차 쉽지 않지만, 더 중대한 측면은 자연 과정과 비교할 때 이러한 인위적 변화가 보이는 가공할 속도이다. 더한층 우려스러운 것은 그 유전자의 역할이 무엇인지조차도 제대로 알지 못하는 상태에서 단기적 이윤 추구를 위해 무모한 속도전을 벌이고 있다는 사실이다.

물론 생명은 제어될 수 없으며 이러한 시도는 인류가 벌이는 마지막 불장난이 될 가능성이 크다. 이렇게 추정하는 근거 중 하나는 우리가 처한 우주론적인 상황이고 다른 하나는 우리가 뼛속 깊이 믿고 있는 근대의 잘못된 세계관, 즉 근대의 신화와 관련이 있다.(이 글에서 근대는 현대와 같은 의미이다.)

먼저 우리가 마주한 우주론적인 상황은 이미 앞에서 언급한 것으로, 우리 태양계가 우리 은하에서 후발 주자임에도 우주 고등 생명과 관련해 우리가 알고 있는 유일한 관측은 거대한 침묵뿐이라는 것이다. 인류가 우주 문명으로 도약하리라는 기대는 로켓 기술의 등장과 함께 시작되었다. 20세기 초 콘스탄틴 치올콥스키는 "우리 행성은 정신이 출현한 요람이지만, 우리가 언제나 요람에만 머물 수는 없다."라고 말했다. 21세기에 접어들며 마틴 리스(Martin Rees)는 "지금까지 지구에서 정신과 복잡성이 펼쳐지고 있는 것은 우주적 전망에서 보면 이제 겨우 시작에 불과할 수 있다."라고 여전히 희망차게 말하지만, "태양계를 벗어나 성간을 지나는 우주여행은, 언젠가 가능하게 되더라도, 인간 이후(post human)에 맡겨진 도전이다."라며 중대한 단서를 단다.

하지만 우주 문명으로 퍼져 나갈 우리의 미래를 반영하는 외계 문명의 사절단이나 탐색선, 방랑자가 우리를 방문했다는 믿을 만한 기록이 없다는 것은 미래에 대한 우리 희망에 중대한 결함이 있음을 말해 준다. 단 하나의 증거에 대한 이러한 논리적 비약이 허용된다면 그들은 그들의 세계에 고립되어 있고 우리는 우리의 세상에 고립되어 있다는 결론에 도달한다. 즉, 인류를 넘어선 초지능-기계-생명이 가능하더라도, 그들이 바로 미래의 잠재적 괴물이라 하더라도, 우주 문명으로는 도약하지 못한다는 것이 지금 우리가 마주한 우주론적 전망이다. 어쩌면 문명은 자신의 행성에 고립되어 때 이른 붕괴를 맞도록 운명 지어졌을지 모른다. 우주에서 우리와 같은 기술 문명은 한순간 꽃피고 마는 덧없는 것일까? 블레즈 파스칼(Blaise Pascal)의 금언대로 "이 무한한 공간의 영원한 침묵이 나를 두렵게 한다."

두 번째 근거는 근대인들의 세계에 대한 믿음을 구성하는 과학적 세계관이 내재적으로 인류에 존재론적 위기를 초래한다는 것이다. 이미 뿌리 깊이 세뇌된 과학에 대한 사람들의 믿음을 짧은 지면을 통해 바꾸기는 쉽지 않을 것이다. 하지만 과학의 적나라한 실상을 직시함으로써 우리는 거기에 내재된 인류 추락의 가능성을 볼 수 있으며, 또한 그 잘못된 세계관을 바꿈으로써 상황을 바꿀 수 있다는 희망을 함께 발견한다.

앨프리드 화이트헤드에 따르면 "관찰은 선택이다." 선택에는 우리 욕망이 반영될 수밖에 없다. 따라서 모든 지식은 욕망과 분리될 수 없다. 달리 표현하면 모든 앎에는 의제(agenda)가 있다. 따라서 모든 지식에 대해 우리가 취할 태도는 객관성에 대한 신뢰 여부가 아니라 선택과 책임에 대한 올바른 인식이다.

그렇다면 과학 지식은 어떤 욕망과 관련이 있는가? 과학은 시작부터 자연의 제어와 지배라는 근대 인간의 욕망이 반영된 지식 체계이다. 그 세계관의 여파는 식민 지배-제국주의-자본주의-신자유주의로 파괴적으로 맞물려 지금까지 이어지고 있다. 근대 인간은 자신의 욕망을 반영하여 과학을 구축했다. 과학은 자연을 있는 그대로 보는 것이 아니다! 과학은 추상과 분석이라는 특수한 방식을 따르며 자연을 왜곡한다. 과학은 자연을 대하는 특수한 방법으로, 대상을 이해하려는 것이 아니라 스스로 구축한 세계관을 자연에 강요한다. 유물론, 기계론, 환원주의 관점은 과학 세계관이 채택한 이데올로기이지 자연이 그것을 요구하거나 지지해 주는 것이 전혀 아니다. 풍부한 다양성과 연결망 속에 있는 자연을 체계적으로 파편화하고 형해화하는 방법이 그 대상을 폭력으로 대하고 파괴하지 않는다면 그것이 도리어 이상한 것이다. 자연에 군림하려는 근대 인간의 욕망이 뿌리 깊이 반영된 과학 지식으로는 단기적 성과보다 장기적으로 잃은 것이 더 많을 수 있다는 것은 전혀 놀라운 것이 아니다.

작금의 생명 과학이 유물론, 기계론, 환원주의적 관점을 택하는 것은 우리 시대의 비극이다. 생명이 아닌 물질에서조차 이러한 관점은 자연이 보증하지 않는 가정일 뿐이다. 생명을 부분으로 나누면 그것은 더는 생명이 아니다. 다시 합쳤을 때 앞으로는 괴물이 나올지 모르지만 아직은 단지 시체만이 남을 뿐이다. 마침내 지금 인간 자신이 해부 대상으로 전락하고 있으며, 인간의 존재 자체가 위협받고 있다. 이것이 과학에 의해 추락하는 인간의 실상이다.

과학은 근대의 신화다. 과학에서 교조적으로 표현된 모든 원리, 법칙은 인간이 의도를 가지고 자신에게 부과한 단순화되고 추상화된 모형일 뿐이지 자연이 보여 주는 것이 아니다. 그러한 단순함에 대한 집착은 단지 스스로를 속이는 착각이며 광적인 근본주의 신앙일 뿐이다. 이렇게 구축한 몰가치적 세계관으로 어떻게 세상의 목적, 의미, 가치를 찾을 수 있겠는가? 괴테는 다음과 같이 지적한다. "영혼이 없는 전문가와 감정이 없는 감각주의자들, 이 공허한 자들이 전례 없이 높은 수준의 문명을 달성하고 있다고 자부하고 있다."

새뮤얼 버틀러(Samuel Butler)에게 과학이란 "결국, 우리 자신의 무지에 대해 무지하다는 것을 표현한 것에 불과하다." 화이트헤드에 따르면 "과학의 목적은 복잡한 사실로부터 가장 단순한 설명을 찾는 것이다. 우리는 추구의 목적이 단순함이기에 사실 자체가 단순하다고 생각하는 오류에 쉽게 빠질 수 있다." 그는 "완전히 진실인 것은 없다. 모든 진실은 부분적으로만 그러하다. 그것을 완전한 진실인 양 받아들이는 것은 악의 출발이다."라고 분명하게 경고한다. 과학 지식에 대한 과도한 신뢰와 전문가 시대의 여파로, 단지 사려 깊지 못함, 탐욕, 착각일 뿐이었는데 아무도 의도하지 않고 아무도 책임지지 않는 상황에서 통제되지 않고 돌이킬 수 없는 결과로 인류가 존재론적 위기를 맞는다는 것이다. 우리는 마르틴 부버(Martin Buber)의 다음 경고에 귀 기울일 필요가 있다. "우리 시대의 질병은 다른 시기의 질병과는 다르다. …… 우리가 결국 이 길을 끝까지 가 봐야 하겠는가? 최후의 암흑으로 이끌지도 모르는 이 길을 말이다."

거대한 침묵의 문제는 어쩌면 지구가 우리에게 주어진 유일한 고립된 공간일 가능성이 있음을 알려 준다. 마음껏 쓰다가 더럽혀지면 다른 곳으로 떠나버릴 수 있는 그런 곳이 절대로 아니라는 것이다. 우리가 마주한 우주의 거대한 침묵은 과학의 발전으로 우주로 뻗어 나가는 인류의 미래라는 전망이 실현될 수 없는 백일몽일 가능성을 우리에게 말해 주고 있는지도 모른다. 자연의 제어와 통제를 통해 인류에게 우주로 도약하는 무한한 발전이라는 희망을 준 과학의 발전이 또 다른 쪽에서는 자연에 대한 체계적이며 광범위한 미증유의 착취를 가능하게 했고, 자멸의 가능성을 열었다. 최근 우리가 이미 더럽혀진 자신의 유일한 둥지를 발견하고 경악하고 있는 것은 얄궂은 일이다. 그것도 제한되고 고립된 행성에서 말이다. 현재 일부 인류가 누리는 풍요로움이 단지 한 번 파괴하면 사라지고 마는 자연을 수탈한 결과일 뿐이라는 것을 깨닫는 일이 필요하다. 이 상황은 지속될 수 없다. 기술 발전은 단지 수탈을 더 효율적으로 만들었을 뿐이며 과학은 근대 인간의 욕망이 반영된 세상에 대한 잘못된 세계관으로 그것을 스스로 합리화한 것일 뿐이다. 에른스트 슈마허(Ernst Schumacher)는 "우리가 파괴할 수 있지만 만들 수는 없는 것은 어떤 면에서 신성하며, 그것에 대한 우리의 모든 '설명들'은 어떤 것도 설명하지 않는다."라고 말한다.

물론 미래는 정해져 있지 않고 예측되지도 않는다. 미래라는 미지의 경계에 서 있는 우리는 어떤 선택을 하고 무엇을 하여야 하는가? 과학적 발견과 기술적 발전과 마주할 때 우리는 반드시 다음 질문에 대해 판단해야 한다. "그것이 인간을 위한 것인가?" 단지 지식의 활용만을 이야기하는 것이 아니다. 판단은 행동으로 이어져야 한다. 이것은 이번 세기 우리의 생존이 걸린 중대한 문제다.

이러한 과학 세계관의 이데올로기적 편향성과 그 한계에 대한 인식, 즉 우리의 무지함에 대한 올바른 인식이 인간의 미래에 대한 희망이 될 수 있다는 것은 우리가 마주한 또 하나의 역설이다. 나는 우리의 경제-정치-사회 체제의 변화에 앞서 올바른 세계관으로의 변화에서 인간의 미래에 대한 희망을 찾고 있다. 나에게 우주는 무심하지 않으며 전체가 연결망 속에 있는 세상은 의미로 가득하다. 시인의 말대로 한 알의 모래알마저도 그러하다.

황재찬 | 경북 대학교 천문 대기과학과 교수

서울 대학교 천문학과를 졸업하고, 미국 텍사스 주립 대학교에서 천문학 박사 학위를 받았다. 지금은 경북 대학교 천문 대기과학과 교수로 재직하고 있다. 연구 분야는 우주론이며 우주 생물학과 인간의 미래에 관심을 가지고 있다.

사진 저작권

미지에서 묻고
경계에서 답하다

1판 1쇄 찍음 2013년 12월 10일
1판 1쇄 펴냄 2013년 12월 25일

기획　　아시아태평양이론물리센터(APCTP)
지은이　고산 외 22인
펴낸이　박상준
펴낸곳　(주)사이언스북스

출판등록　1997. 3. 24.(제16-1444호)
(135-887) 서울시 강남구 신사동 506 강남출판문화센터
대표전화　515-2000　　팩시밀리　515-2007
편집부　　517-4263　　팩시밀리　514-2329
www.sciencebooks.co.kr

ISBN 978-89-8371-655-2 03400